身近に学ぶ
力学
MECHANICS

河本　修 著

共立出版

は し が き

本書は，大学における1･2年生の教育，いわゆる一般教育(教養教育)において，理科系学部を想定した標準的な力学の教科書として書いたものであり，同じ主旨で書いた『身近に学ぶ電磁気学』の姉妹編である．

著者は岡山大学で教養部が改組でなくなるまで，物理学の講義を行なっていて，現在も一般教育を担当している．その経験と印象では，学生はある点では多様であるが，年々興味の視野が狭まってきている感じがする．多様化社会そして成熟社会の時代には，練習問題の解法を理解せずにパターン化して暗記することよりは，新しいことを考え出す思考訓練を大学の時に行なっていくこと，そして，広い視野をもつことがますます必要になってきている．しかし，現在の学生の好みは教養部改組の主旨とは逆の方向に進んでいそうに見受けられる．更に，一方では情報技術革命の国際化社会に対応できていかなければならない．そこで，今の時代の学生が置かれている教育環境に対応する教科書の必要性を痛感し，本書をまとめることにしたものである．

本書を執筆するにあたり，いくつかの方針と目的や特徴があり，それらは下記のことがらである．

(1) 自然界の現象の基礎である力学を学ぶことが第一の目的であるが，数学で学んだ微分積分とベクトルを具体的な物理現象に当てはめ，それらを十分使いこなすことができるようになることも大きな目的である．

(2) あまりにも高度な内容は扱わない．やや難しい内容には，本文中の題名の右肩に＊印をつけておいた．

(3) 学生が予習しやすいように，1回の講義の平均的な分量を[1]～[13]で本文の節の題名の行の右端に示してあり，これは比較的速い進度を想定した．半年の15週の授業の内，2回分は中間試験と期末試験の分とした．

(4) 問題等での計算に使う数値は，実際の現象に則した値を使った．

(5) 章末の問題は，詳しい解き方は記述しない．その理由は，各問題は解き方を先に読むと一見簡単そうに見えるが，解き方を覚えるのではなく，法則などを基に自分で考えることによって，考える訓練をしてもらいたいためである．

(6) 国際化社会にむけて，物理の英語にも触れてもらえるように，本文中の用語に英訳をつけ，また，章末の問題で英語の設問も扱った．でてくる単語は英語の試験である TOEFL にでてきそうな単語とし，問題自体は難しくはないものとした．

(7) 学問の発展過程の年代も記述した．

20 世紀最後の年にノーベル化学賞を受賞されることになった白川英樹博士は，受賞を伝達された直後のインタビューで，科学を目指す若者へのアドバイスとして「予期しない実験結果が出た時に対応できるよう，よく観察し，専門以外の分野の知識を蓄えておくのが大事」と話された．このことは技術者を目指す人にもあてはまり，私も授業での雑談で同様のことを言ってきた．若き学徒は前述のように，広い視野をもてるように勉強してもらいたい．

最後に，本文に掲載した英語の問題は，D. Halliday and R. Resnick, “Fundamentals of Physics” (John Wiley & Sons, New York, 1988) から転載させていただいた．転載を快諾された著者と出版社に感謝いたします．また，本書の出版に際し，いろいろお世話になった共立出版㈱の波岡章吉，村山松二の両氏に心からお礼申し上げます．そして，校正刷と原稿の対比をしてくれた研究室の大学院生の砂川義彦，三好潤児の両君にも感謝します．

2000 年 10 月

著　者

目　　次

第1章　速度と加速度

第2章　運動の法則とエネルギー

第 3 章　質点系の力学

第 4 章　剛体の力学

第 5 章　弾性体の力学

第1章
速度と加速度

1.1　質点の位置とそのベクトルによる表現　1

力学では，物体の位置の時間的な変化を数学を手段として考察する．これに用いる数学は，微分積分とベクトルである．物体の位置が時間経過に伴い変化することを**運動**(motion)という．実在の物体には空間的な大きさがあるが，大きさをもたずに質量だけをもつ点とみなして扱い**質点**(particle)という．質点の運動を考えるときは，回転は扱わず，移動だけを考える．(体積のある物体の**回転運動**は第4章で扱う.)

質点の位置を数学的に扱うには座標系を必要とする．空間内での質点の運動を扱う座標系にはいくつかある．代表的なものは，**直交直角座標**(orthogonal coordinates)と**極座標**(polar coordinates)である．いずれの座標系でも，3次元空間で1つの点の位置を指定するには，3つの数値を必要とする．この位置指定のための必要な数を**自由度**という．

質点が2次元空間，すなわち平面内を運動する場合，直角座標では(x, y)，極座標では(r, θ)のように2つの数だけで表すことができる(図1.1)．このとき，質点の運動の自由度は2である．質点が1つの直線または曲線上を運動する場合，その直線または曲線上に1つの基準点Oをとれば，質点の位置はOを原点とする**距離**(distance)sのみで表される．マラソン選手が道路を走るような場合であり(図1.2)，自由度は1である．

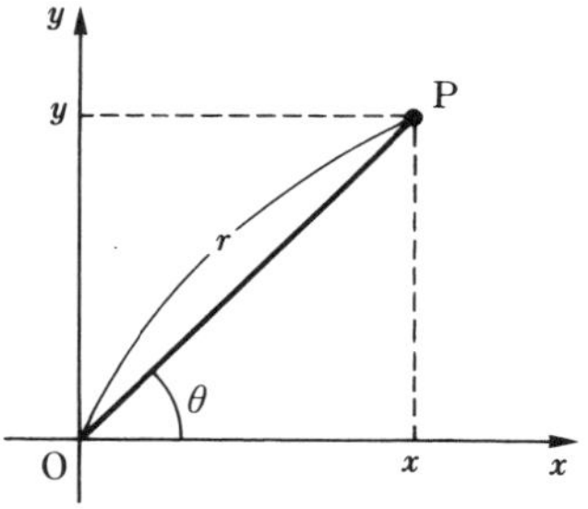

図 1.1　2 次元の直角座標と極座標

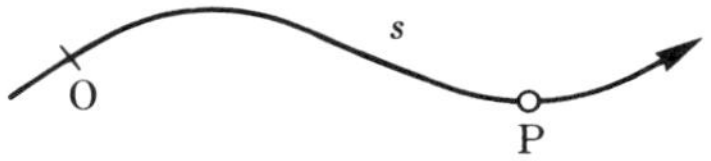

図 1.2　1 次元の運動

点の位置を表すのにベクトルを用いると便利である．ベクトルとは大きさと方向をもつ量であり，矢印をつけた線分で表される．図 1.3 の直角座標において，質点の位置を点 P とする．これを表すのに，**原点** O(origin)をベクトル $\boldsymbol{r}$ の**始点**，点 P を**終点**として，座標の原点 O から点 P に向かうベクトル $\boldsymbol{r}$ を用いる．これを**位置ベクトル**(position vector)という．点 P の座標を 3 次元で表し，(x, y, z)とすると，ベクトル $\boldsymbol{r}$ はつぎのように表される．

$$\boldsymbol{r} = x\boldsymbol{i} + y\boldsymbol{j} + z\boldsymbol{k} \tag{1.1}$$

ここで，$\boldsymbol{i}$，$\boldsymbol{j}$，$\boldsymbol{k}$ はそれぞれ x，y，z 軸の正の方向を向き，長さが 1 のベクト

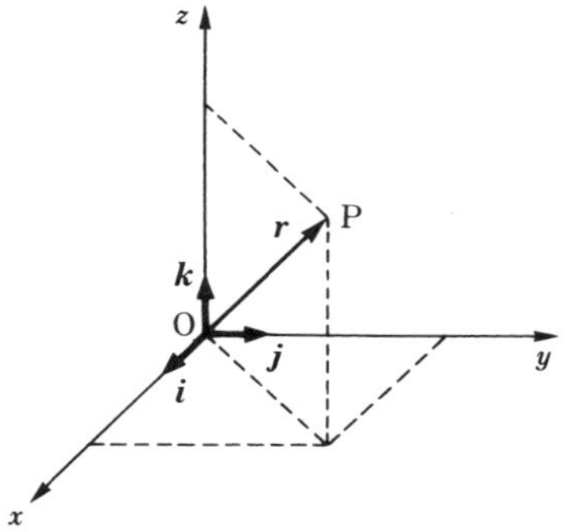

図 1.3　位置ベクトル($\boldsymbol{r}$)と単位ベクトル($\boldsymbol{i}$, $\boldsymbol{j}$, $\boldsymbol{k}$)

ルで**単位ベクトル**(unit vector)という(図1.3). ベクトル $\boldsymbol{r}$ の大きさは,

$$r=|\boldsymbol{r}|=\sqrt{x^2+y^2+z^2}$$

である.

1.2 速度と加速度

(1) 直線運動

直線上の運動を**直線運動**(motion in a straight line)といい, 質点の位置は原点Oからの距離 x で表される. 陸上競技での100 m走, 雨滴の鉛直落下, バネの振動などの運動である. 質点が時刻 t のとき点Pにあり, それから時間 Δt の経過後に, 点P′まで距離 Δx を移動したとすると(図1.4), この間の平均の速さ($\bar{v}$)は $\Delta x/\Delta t$ である. 図1.5で, $\Delta t\to 0$ の極限を考えると, Q′はQに無限に近づく. それに伴い, $\Delta x/\Delta t$ は, ある極限値に近づき, グラフ上では点Qでの接線の傾きとなる. そこで

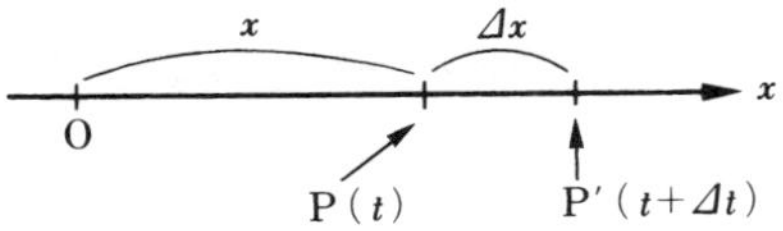

図1.4 直線運動

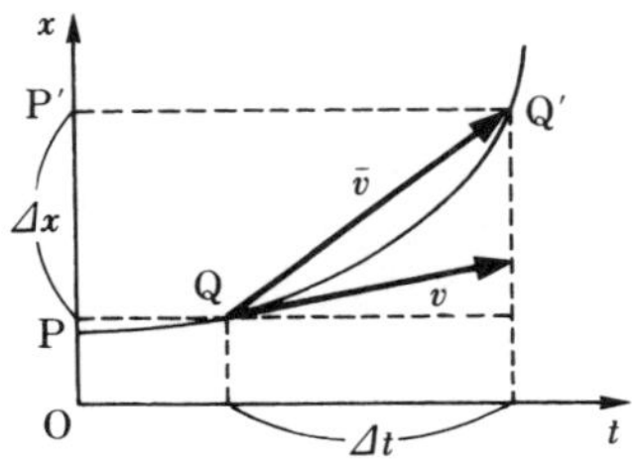

図1.5 平均の速さ $\bar{v}$ と瞬間の速さ v

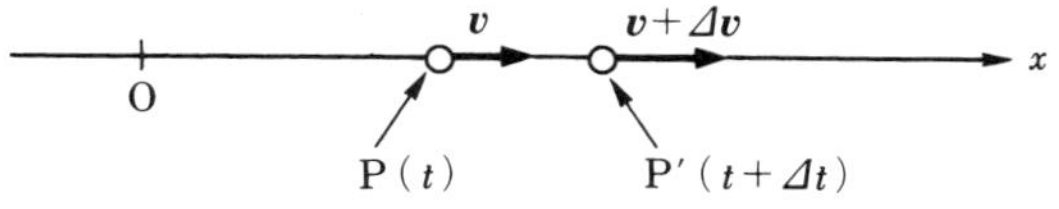

図 1.6　速度 v と速度の増加量 Δv

$$v=\lim_{\Delta t\to 0}\frac{\Delta x}{\Delta t}=\frac{\mathrm{d}x}{\mathrm{d}t} \tag{1.2}$$

と書いて，この v を点 P(時刻 t)における**速度**という．速度の大きさは単位時間あたりの移動距離であり，SI 単位系(国際単位系)での単位は m/s である．この単位を読むとき，“/” を “パー(per)” と呼ぶ．

速度が時間とともに変化する場合を考える(図 1.6)．いま，時刻 t の時に点 P に質点があり，その速度が v で，時間 Δt の後に点 P′ に移動し，その速度の増加量が Δv であるとする．$\Delta v/\Delta t$ を平均加速度という．$\Delta t\to 0$ の極限をとると，

$$a=\lim_{\Delta t\to 0}\frac{\Delta v}{\Delta t}=\frac{\mathrm{d}v}{\mathrm{d}t}=\frac{\mathrm{d}^2x}{\mathrm{d}t^2} \tag{1.3}$$

を得る．この a を点 P における**加速度**(acceleration)という．単位は $\mathrm{m/s^2}$ である．

(2)　3 次元空間での運動

3 次元空間内の質点の位置は，3 次元の位置ベクトル $\boldsymbol{r}$ で表される．質点が軌道上を移動し，時刻 t と $t+\Delta t$ における質点の位置がそれぞれ P と P′ であるとする(図 1.7)．それらの位置ベクトルを $\boldsymbol{r}$, $\boldsymbol{r}'$ とすれば，質点が移動した距離と方向は $\boldsymbol{r}'-\boldsymbol{r}$ で表される．これを**変位ベクトル**と呼び $\Delta\boldsymbol{r}$ と書くと，この間の平均速度($\overline{\boldsymbol{v}}$)は $\Delta\boldsymbol{r}/\Delta t$ である．いま，P′ を無限に P に近づけたときの $\Delta\boldsymbol{r}/\Delta t$ の極限を考えると，

$$\boldsymbol{v}=\frac{\mathrm{d}\boldsymbol{r}}{\mathrm{d}t} \tag{1.4}$$

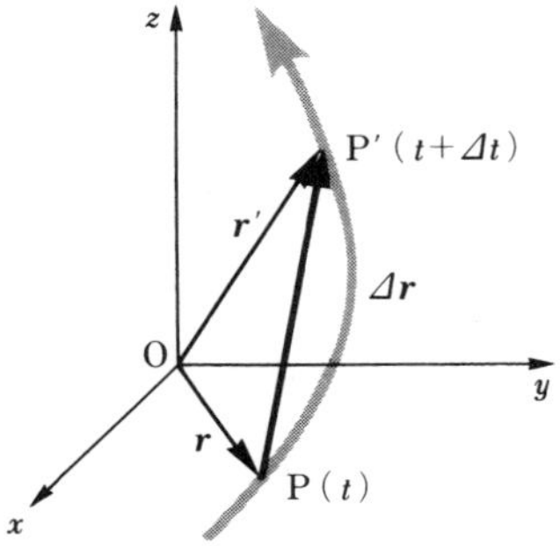

図 1.7 位置ベクトル $\boldsymbol{r}$ と変位ベクトル $\Delta\boldsymbol{r}$

と書ける．変位ベクトルの単位時間当たりの変化の割合，すなわち $\boldsymbol{v}$ を，点 P (時刻 t) における質点の**速度** (velocity) という．

変位ベクトル $\Delta\boldsymbol{r}$ の直角成分を Δx, Δy, Δz とすると

$$\Delta\boldsymbol{r} = \Delta x\boldsymbol{i} + \Delta y\boldsymbol{j} + \Delta z\boldsymbol{k} \tag{1.5}$$

となる．そこで，

$$\begin{aligned}\boldsymbol{v} &= \lim_{\Delta t \to 0}\left[\frac{(x+\Delta x)-x}{\Delta t}\boldsymbol{i} + \frac{(y+\Delta y)-y}{\Delta t}\boldsymbol{j} + \frac{(z+\Delta z)-z}{\Delta t}\boldsymbol{k}\right] \\ &= \frac{\mathrm{d}x}{\mathrm{d}t}\boldsymbol{i} + \frac{\mathrm{d}y}{\mathrm{d}t}\boldsymbol{j} + \frac{\mathrm{d}z}{\mathrm{d}t}\boldsymbol{k}\end{aligned} \tag{1.6}$$

となり，ベクトル $\boldsymbol{v}$ の x, y, z 軸方向の座標成分を (v_x, v_y, v_z) とすれば

$$v_x = \frac{\mathrm{d}x}{\mathrm{d}t}, \quad v_y = \frac{\mathrm{d}y}{\mathrm{d}t}, \quad v_z = \frac{\mathrm{d}z}{\mathrm{d}t} \tag{1.7}$$

となる．そこで，速度ベクトル $\boldsymbol{v}$ は，位置ベクトル $\boldsymbol{r}$ の終点を始点とし，軌道上の点における接線方向の 2 つの方向のうち，質点が移動していく方向を向くベクトルである (図 1.8)．速度の大きさ v を**速さ** (speed) といい，

$$v = \sqrt{{v_x}^2 + {v_y}^2 + {v_z}^2} \tag{1.8}$$

と表される．加速度も同様に，

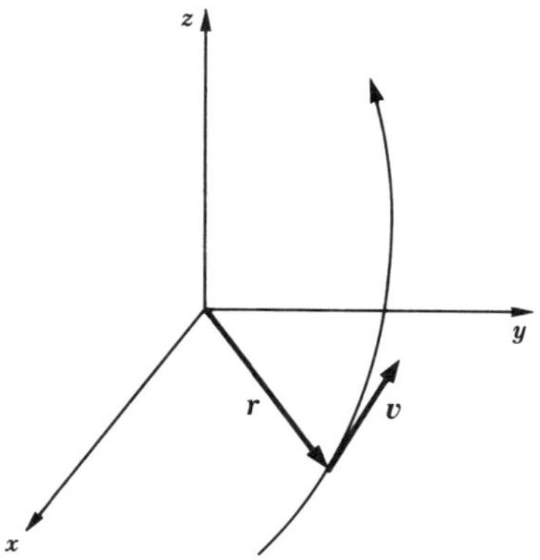

図 1.8　速度ベクトル $\boldsymbol{v}$

$$\boldsymbol{a}=\frac{\mathrm{d}v_x}{\mathrm{d}t}\boldsymbol{i}+\frac{\mathrm{d}v_y}{\mathrm{d}t}\boldsymbol{j}+\frac{\mathrm{d}v_z}{\mathrm{d}t}\boldsymbol{k} \tag{1.9}$$

となり，座標成分は

$$a_x=\frac{\mathrm{d}v_x}{\mathrm{d}t}=\frac{\mathrm{d}^2x}{\mathrm{d}t^2},\quad a_y=\frac{\mathrm{d}v_y}{\mathrm{d}t}=\frac{\mathrm{d}^2y}{\mathrm{d}t^2},\quad a_z=\frac{\mathrm{d}v_z}{\mathrm{d}t}=\frac{\mathrm{d}^2z}{\mathrm{d}t^2} \tag{1.10}$$

となる．そして，加速度の大きさ(magnitude)は

$$a=\sqrt{{a_x}^2+{a_y}^2+{a_z}^2} \tag{1.11}$$

となる．

問題 1.1　ある物体が直線運動をしていて，その速度の時間変化が図 1.9 に示されている．加速度の時間変化の概略を図示しなさい．

(3)　等速円運動　2

半径 r の円周を，一定の速度で回転する運動を考える．これを**等速円運動**(uniform circular motion)という．点 P が円周軌道上で x 軸上の点から移動した距離を s とし，それに伴う角度変化を θ とすると(図 1.10)，

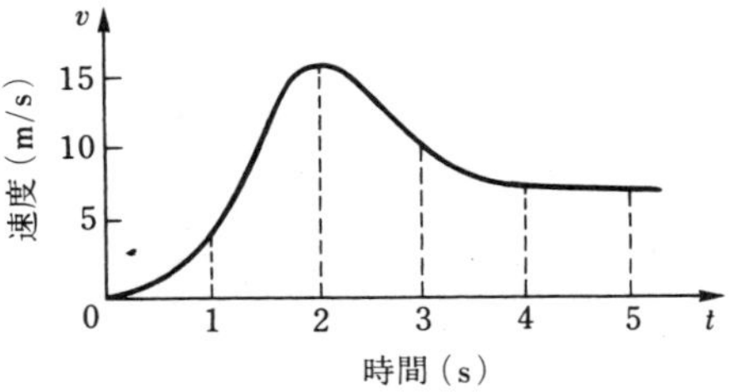

図 1.9　速度の時間変化

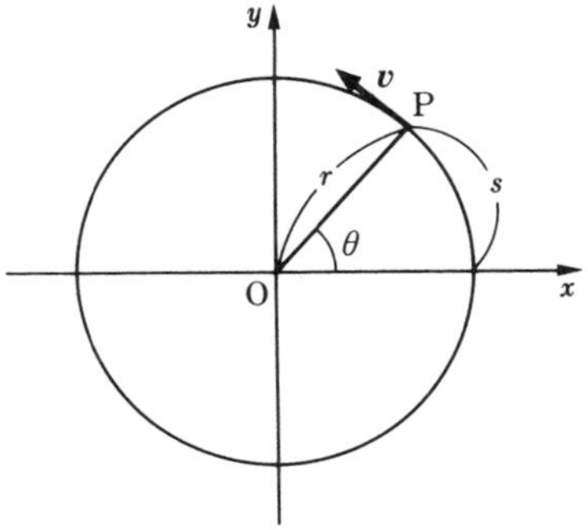

図 1.10　円運動

$$\theta \equiv \frac{s}{r} \tag{1.12}$$

と表現でき，θ の単位を**ラジアン**(rad)とよぶ．いま，時刻 t のとき質点が角度 θ の点 P にあり，時間 Δt 経過後に角度が $\Delta\theta$ 増加したとする．角度の変化の割合(回転の速さ)は直線運動での速度と同様に定義でき(図 1.11)，

$$\bar{\omega} \equiv \frac{\Delta\theta}{\Delta t} \tag{1.13}$$

とおける(記号≡は“定義する”の意味)．これを平均の角速度とよぶ．そこで，瞬間の**角速度**(angular velocity)は

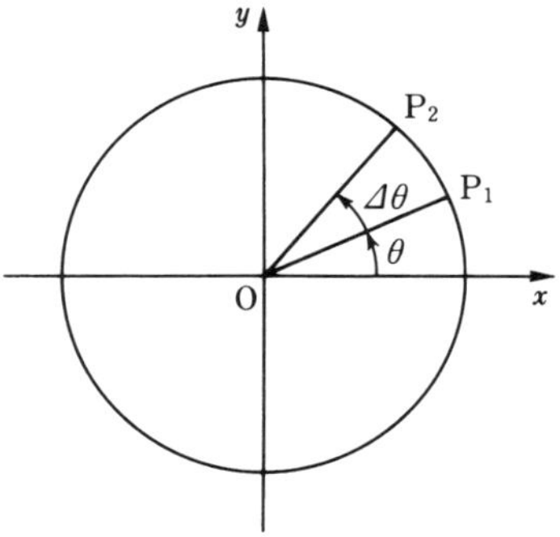

図 1.11 時間 Δt による角度の変化量 $\Delta\theta$

$$\omega=\lim_{\Delta t\to 0}\frac{\Delta\theta}{\Delta t}=\frac{\mathrm{d}\theta}{\mathrm{d}t} \tag{1.14}$$

となる．そこで，等速円運動の場合は ω が一定であるので，時刻 t における角度は，$t=0$ の時の値 ϕ を初期値として，一般的な形

$$\theta=\omega t+\phi \tag{1.15}$$

と表現できる．角速度の単位は rad/s であるが，単位時間当たりの回転数(rev/s, rev/min（すなわち r. p. m.））も用いられる．なお，角速度は，3 次元空間での運動を考える場合(2.10 節(3)項)などではベクトルで表現する．そのベクトル $\boldsymbol{\omega}$ は，回転軸をその方向とし，回転の向きに右ネジを回すとき，ネジの進む向きをベクトルの向きとする(図 1.12)．

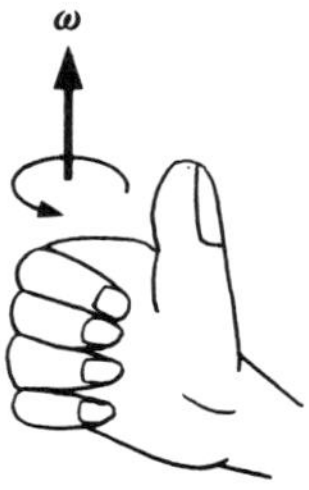

図 1.12 角速度ベクトル $\boldsymbol{\omega}$ の方向

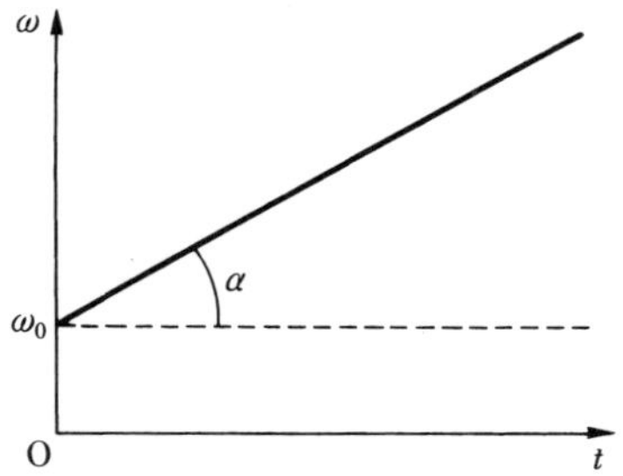

図 1.13　角速度 ω の時間変化

角速度 ω が時間的に変化する場合には，その時間変化の割合を**角加速度**(angular acceleration)といい(図 1.13)

$$\alpha=\frac{\mathrm{d}\omega}{\mathrm{d}t} \tag{1.16}$$

と定義する．図では $\alpha=$一定の場合を示してある．

等速円運動の場合 $\alpha=0$ であり，$\theta(=\omega_0 t)$ を用いると，点 P の位置は極座標で簡単に表現できる．そこで，

$$x=r\cos\theta=r\cos\omega_0 t,\quad y=r\sin\theta=r\sin\omega_0 t \tag{1.17}$$

となる．したがって，速度は，

$$v_x=\frac{\mathrm{d}x}{\mathrm{d}t}=-r\omega_0\sin\theta,\quad v_y=\frac{\mathrm{d}y}{\mathrm{d}t}=r\omega_0\cos\theta \tag{1.18}$$

$$\therefore\quad v=\sqrt{{v_x}^2+{v_y}^2}=r\omega_0 \tag{1.19}$$

となる．また，加速度は

$$a_x=\frac{\mathrm{d}v_x}{\mathrm{d}t}=-r{\omega_0}^2\cos\theta,\quad a_y=\frac{\mathrm{d}v_y}{\mathrm{d}t}=-r{\omega_0}^2\sin\theta \tag{1.20}$$

$$\therefore\quad a=\sqrt{{a_x}^2+{a_y}^2}=r{\omega_0}^2=\frac{v^2}{r} \tag{1.21}$$

となる．速度ベクトルの向きは，軌道の接線方向であることは前に説明してあるが，加速度のベクトル $\boldsymbol{a}$ の向きは，式(1.18)と(1.20)とを比較することによって，円の中心方向を常に向いていることが分かる(図 1.14)．

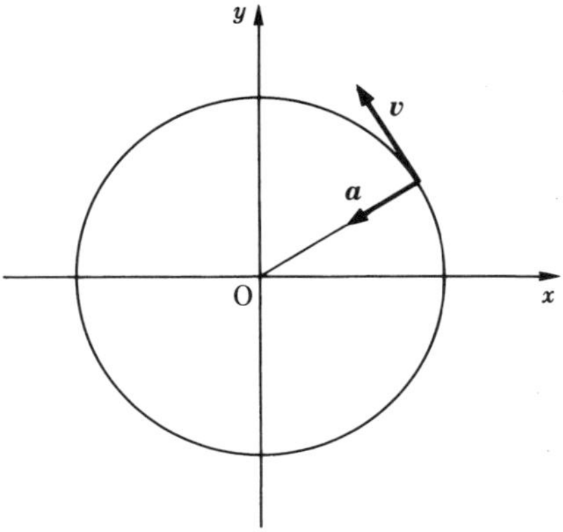

図 1.14　等速円運動での $\boldsymbol{v}$ と $\boldsymbol{a}$

円運動の場合や体積のある物体が回転する場合(第4章で詳しく扱う)の角度 θ は，直線運動の距離 x と同様に扱うことができるので，表 1.1 の式が成り立つ．

表 1.1　直線運動と回転運動との比較

直線運動	回転運動
$v = v_0 + at$	$\omega = \omega_0 + \alpha t$
$x = v_0 t + (1/2)\, at^2$	$\theta = \omega_0 t + (1/2)\, \alpha t^2$
$v^2 = {v_0}^2 + 2ax$	$\omega^2 = {\omega_0}^2 + 2\alpha\theta$

問題 1.2　丸い砥石(といし)あるいはグラインダーがあり(図 1.15)，その砥石は静止の状態($\omega_0 = 0$)から一定の角加速度 $\alpha = 0.35\ \mathrm{rad/s^2}$ で，回転を始めたとする．(a) $t = 0\ \mathrm{s}$ から $t = 18\ \mathrm{s}$ までの回転数はいくつか．(b) $t = 18\ \mathrm{s}$ での角速度 ω はいくつか．

問題 1.3　ヘリコプターで飛行してから着地した時，翼の角速度は 320 回転/分であったが，着地 1.5 分後には 225 回転/分に減少したとする．(a) この間の平均の角加速度は何回転/分^2 か．(b) その角加速度を保ち続けるとすると，何分で停止することになるか．

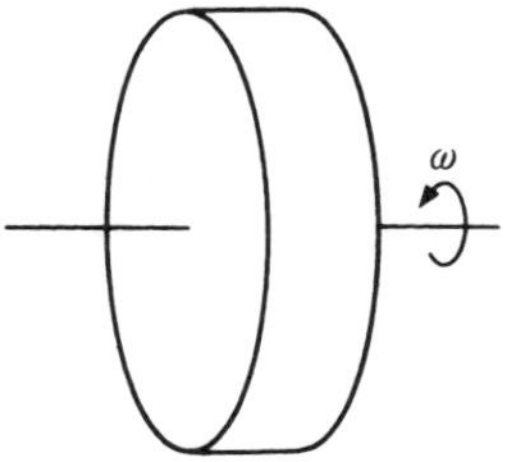

図 1.15　砥石の回転

(4)　接線加速度と法線加速度

前項では等速円運動について考えたが，一定でない速さで曲線上を運動する場合には，加速度の方向は等速円運動のようには中心を向かない．例えば，**経路**(path)上の点 P における加速度は図 1.16 の $\boldsymbol{a}$ で示す方向となる．

曲線経路上の 2 点 P と P′ が十分近いならば，経路の微小部分 PP′ は，P と P′ を通る円の一部，すなわち円弧とみなせる．この円を**曲率円**といい，円の中心 Q を**曲率中心**，円の半径 ρ を**曲率半径**(radius of curvature)という．

質点がこの円弧 PP′ 上を一定の速さ v で運動しているとする．このとき，点 P では曲率中心に向かう v^2/ρ の加速度成分が生じている．これは等速円運動か

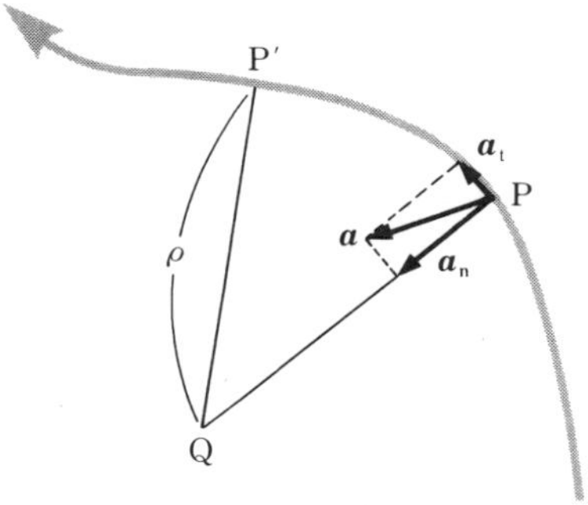

図 1.16　接線加速度 $\boldsymbol{a}_t$ と法線加速度 $\boldsymbol{a}_n$

ら推定される．更に，経路上での速さが変化している場合，経路の接線方向に $\mathrm{d}v/\mathrm{d}t$ の加速度成分をもつ．そこで，経路上の点Pにおける質点は，速度の方向が変わることによる**法線方向**(normal direction)(曲率中心方向)の加速度である**法線加速度** v^2/ρ と，速度の大きさの変化による**接線方向**(tangential direction)の加速度である**接線加速度** $\mathrm{d}v/\mathrm{d}t$ をもつことになる．事実，質点はこれらの2つを成分とする加速度によって運動する．法線加速度を a_n，接線加速度を a_t とすると，

$$a_n=\frac{v^2}{\rho},\quad a_t=\frac{\mathrm{d}v}{\mathrm{d}t} \tag{1.22}$$

となるが，この式の厳密な導出は次の節で行う．等速円運動の場合には，v＝一定であるので，上式で $a_t=\mathrm{d}v/\mathrm{d}t=0$ となり，$a=a_n=v^2/\rho$ となる．

1.3　平面極座標による速度と加速度の表現*

質点が $x\,y$ 平面上で平面運動をするとき，時刻 t における極座標を$(r,\ \theta)$，動径 r 方向の単位ベクトルを $\boldsymbol{\rho}$，動径に垂直で θ の増す向きの単位ベクトルを $\boldsymbol{\theta}$ とする．$\boldsymbol{r}=r\boldsymbol{\rho}$ であるから(図1.17)，速度ベクトル $\boldsymbol{v}$ は

$$\boldsymbol{v}=\frac{\mathrm{d}\boldsymbol{r}}{\mathrm{d}t}=\frac{\mathrm{d}}{\mathrm{d}t}r\boldsymbol{\rho}=\frac{\mathrm{d}r}{\mathrm{d}t}\boldsymbol{\rho}+r\frac{\mathrm{d}\boldsymbol{\rho}}{\mathrm{d}t} \tag{1.23}$$

となる．右辺第1項を**動径速度**，第2項はそれに垂直な**横速度**であるので，その大きさをそれぞれ v_r，v_θ とする(図1.18)．さらに，$|\boldsymbol{\rho}|=1$, $\mathrm{d}\boldsymbol{\rho}=\mathrm{d}\theta\ \boldsymbol{\theta}$, $\mathrm{d}\boldsymbol{\theta}=-\mathrm{d}\theta\ \boldsymbol{\rho}$ であることから(図1.19)，

$$\boldsymbol{v}=\frac{\mathrm{d}r}{\mathrm{d}t}\boldsymbol{\rho}+r\frac{\mathrm{d}\theta}{\mathrm{d}t}\boldsymbol{\theta} \tag{1.24}$$

となる．そこで，

$$v_r=\frac{\mathrm{d}r}{\mathrm{d}t},\quad v_\theta=r\frac{\mathrm{d}\theta}{\mathrm{d}t} \tag{1.25}$$

となる．次に加速度は，

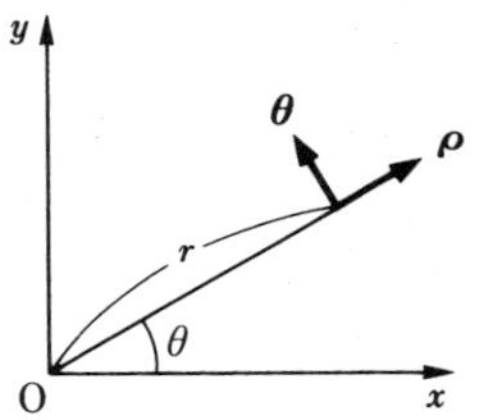

図 1.17　平面極座標の単位ベクトル $\boldsymbol{\theta}$ と $\boldsymbol{\rho}$

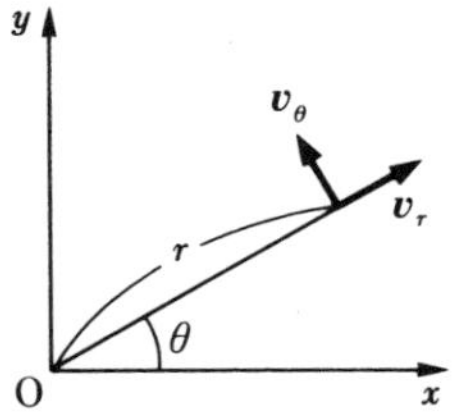

図 1.18　動径速度 $\boldsymbol{v}_r$ と横速度 $\boldsymbol{v}_\theta$

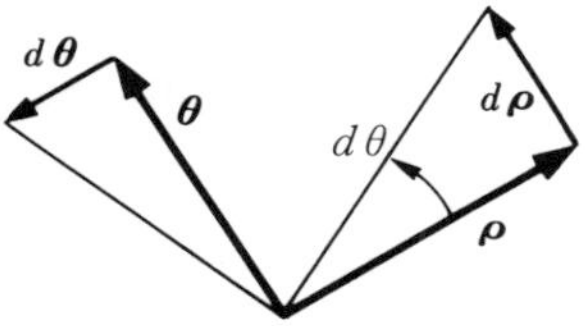

図 1.19　単位ベクトルの微小変化

$$\boldsymbol{a}=\frac{\mathrm{d}\boldsymbol{v}}{\mathrm{d}t}=\frac{\mathrm{d}}{\mathrm{d}t}\left(\frac{\mathrm{d}r}{\mathrm{d}t}\boldsymbol{\rho}+r\frac{\mathrm{d}\theta}{\mathrm{d}t}\boldsymbol{\theta}\right)$$
$$=\left\{\frac{\mathrm{d}^2r}{\mathrm{d}t^2}-r\left(\frac{\mathrm{d}\theta}{\mathrm{d}t}\right)^2\right\}\boldsymbol{\rho}+\left\{r\frac{\mathrm{d}^2\theta}{\mathrm{d}t^2}+2\left(\frac{\mathrm{d}r}{\mathrm{d}t}\right)\left(\frac{\mathrm{d}\theta}{\mathrm{d}t}\right)\right\}\boldsymbol{\theta}$$
$$=\left\{\frac{\mathrm{d}^2r}{\mathrm{d}t^2}-r\left(\frac{\mathrm{d}\theta}{\mathrm{d}t}\right)^2\right\}\boldsymbol{\rho}+\left(\frac{1}{r}\right)\frac{\mathrm{d}}{\mathrm{d}t}\left\{r^2\left(\frac{\mathrm{d}\theta}{\mathrm{d}t}\right)\right\}\boldsymbol{\theta} \tag{1.26}$$

となる．右辺の第 1 項を**動径加速度**，第 2 項を**横加速度**といい，それぞれその大きさを a_r，a_θ とすると(図 1.20)，

$$a_r=\frac{\mathrm{d}^2r}{\mathrm{d}t^2}-r\left(\frac{\mathrm{d}\theta}{\mathrm{d}t}\right)^2,\quad a_\theta=\frac{1}{r}\frac{\mathrm{d}}{\mathrm{d}t}\left(r^2\frac{\mathrm{d}\theta}{\mathrm{d}t}\right) \tag{1.27}$$

となる．そこで，等速円運動については，$\mathrm{d}r/\mathrm{d}t=0$，$\mathrm{d}\theta/\mathrm{d}t=\omega$，$v=r\omega=$一定であるので，$a_r=-r\omega^2$，$a_\theta=0$ が得られる．また，曲率半径が決まれば，曲率中心 ρ を原点とした場合 $r=\rho=$一定，$v=r(\mathrm{d}\theta/\mathrm{d}t)$ なので，式(1.22)に相当する $a_n=-v^2/\rho$，$a_t=\mathrm{d}v/\mathrm{d}t$ が求まる．

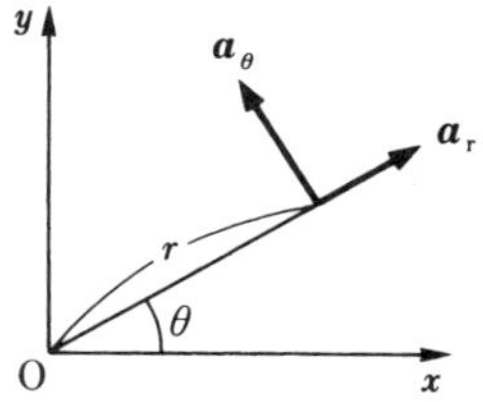

図 1.20 動径加速度 $\boldsymbol{a}_r$ と横加速度 $\boldsymbol{a}_\theta$

1.4 単位系

メートル(m)，キログラム(kg)，秒(s)，アンペア(A)，温度のケルビン(K)，物質量のモル(mol)を基本量として組み立てられた単位をSI単位といい，1960年に国際的に定められた．しかし，現実には，まだそれぞれの国の固有の単位が使われていて，日本では土地や家屋の面積を表すのに坪(=3.3 m^2)が用いられている．一方，米国では，マイル(1 ml=1.6 km)，ヤード(1 yd=0.91 m)，フィート(1 ft=30.5 cm)，インチ(1 in=2.54 cm)，ポンド(1 lb=453 g)，オンス(1 oz=28.3 g)，ガロン(1 gal=3.79 l)などが日常生活で用いられている．また，船舶の速さの単位にノットが使われていて，1ノット=1海里/h=1.852 km/hである．

1.5 数学的な基礎 3

ここでは，力学の初歩にでてくる数学の公式と定義をまとめておく．

(1) ベクトル

(a) スカラー積

2つのベクトルの積がスカラーになるという定義がある．すなわち

$$\boldsymbol{A}\cdot\boldsymbol{B}\equiv AB\cos\theta \tag{1.28}$$

ここで，$\boldsymbol{A}$ と $\boldsymbol{B}$ とのなす角を θ とし，**スカラー積**(scalar product)または**内積**という．$\boldsymbol{A}\cdot\boldsymbol{B}$ を "A dot B" とよぶ．

直角成分で表現すると，

$$\boldsymbol{A}\cdot\boldsymbol{B}=A_xB_x+A_yB_y+A_zB_z \tag{1.29}$$

となる．

(b) ベクトル積

2つのベクトルの積がベクトルになるという定義がある，すなわち，

$$\boldsymbol{A}\times\boldsymbol{B}\equiv\boldsymbol{C} \tag{1.30}$$

ここで，$\boldsymbol{A}$ と $\boldsymbol{B}$ のなす角を θ とすると(図1.21)，ベクトル $\boldsymbol{C}$ は，大きさが $AB\sin\theta$，方向が $\boldsymbol{A}$ と $\boldsymbol{B}$ とに垂直，向きが $\boldsymbol{A}\to\boldsymbol{B}$ へと右ネジを回すときの方向である(図1.22)．**右手の規則**(right-hand rule)ともいう．$\boldsymbol{C}$ を**ベクトル積**(vector product)または**外積**という．$\boldsymbol{A}\times\boldsymbol{B}$ を "A cross B" とよぶ．直角成分で表現すると，

$$\boldsymbol{A}\times\boldsymbol{B}=\begin{vmatrix}\boldsymbol{i} & \boldsymbol{j} & \boldsymbol{k}\\ A_x & A_y & A_z\\ B_x & B_y & B_z\end{vmatrix}$$

$$=\boldsymbol{i}(A_yB_z-A_zB_y)+\boldsymbol{j}(A_zB_x-A_xB_z)+\boldsymbol{k}(A_xB_y-A_yB_x) \tag{1.31}$$

となる．

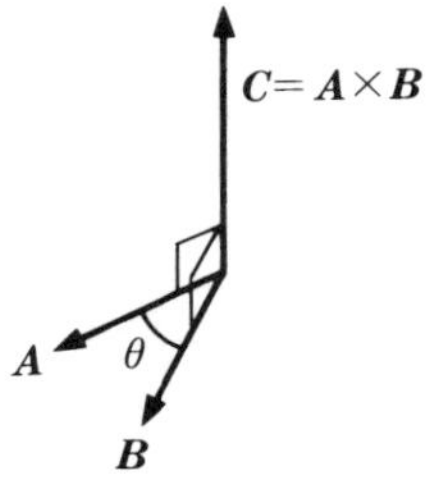

図1.21 ベクトル積

図1.22 右手の規則

(c) ベクトルの時間微分

$$\frac{\mathrm{d}}{\mathrm{d}t}(\boldsymbol{A}+\boldsymbol{B})=\frac{\mathrm{d}\boldsymbol{A}}{\mathrm{d}t}+\frac{\mathrm{d}\boldsymbol{B}}{\mathrm{d}t}$$

$$\frac{\mathrm{d}}{\mathrm{d}t}(\alpha\boldsymbol{A})=\frac{\mathrm{d}\alpha}{\mathrm{d}t}\boldsymbol{A}+\alpha\frac{\mathrm{d}\boldsymbol{A}}{\mathrm{d}t}$$

$$\frac{\mathrm{d}}{\mathrm{d}t}(\boldsymbol{A}\cdot\boldsymbol{B})=\frac{\mathrm{d}\boldsymbol{A}}{\mathrm{d}t}\cdot\boldsymbol{B}+\boldsymbol{A}\cdot\frac{\mathrm{d}\boldsymbol{B}}{\mathrm{d}t}$$

$$\frac{\mathrm{d}}{\mathrm{d}t}(\boldsymbol{A}\times\boldsymbol{B})=\frac{\mathrm{d}\boldsymbol{A}}{\mathrm{d}t}\times\boldsymbol{B}+\boldsymbol{A}\times\frac{\mathrm{d}\boldsymbol{B}}{\mathrm{d}t}$$

(d) スカラーの勾配

$$\mathrm{grad}\,\psi\equiv\boldsymbol{i}\frac{\partial\psi}{\partial x}+\boldsymbol{j}\frac{\partial\psi}{\partial y}+\boldsymbol{k}\frac{\partial\psi}{\partial z}$$

(2) 微分方程式[1)]

微分方程式の解法は数学の本で学んでいただきたいが，ここで示す解を方程式に代入してみれば，解の１つであることがわかる．

(1) $\dfrac{\mathrm{d}^2y}{\mathrm{d}t^2}=a$：

$$y=\frac{1}{2}at^2+bt+c$$

(2) $\dfrac{\mathrm{d}^2y}{\mathrm{d}t^2}=-\omega^2y$：

$$y=a\sin(\omega t+\alpha)$$

(3) $\dfrac{\mathrm{d}y}{\mathrm{d}t}=ky$：

$$y=ce^{kt}$$

1) 微分形の呼び方としては，$\mathrm{d}y/\mathrm{d}t$ はディーワイ・ディーテー，$\partial y/\partial t$ は，デルワイデルティー，またはラウンドディーワイ・ラウンドディーティーが一般的である．$e=2.7182\cdots$（自然対数の底）である．

(3)　近似式

テーラー展開

$$f(x)=f(0)+f'(0)x+\frac{1}{2!}f''(0)x^2+\cdots$$

を用いると，$x=0$ 近傍で以下の近似式が得られる．

$$e^x=1+x+\frac{x^2}{2!}$$

$$\sin x=x-\frac{x^3}{3!}$$

$$\cos x=1-\frac{x^2}{2!}$$

$$\tan x=x+\frac{1}{3}x^3$$

(4)　3 次元空間での空間積分

面積や体積を求めるとき，次の公式を用いる．

(a)　直角座標(図 1.23)

$x\,y$面内の矩形の面積(図の斜線部)：

$$\mathrm{d}S=\mathrm{d}x\mathrm{d}y$$

直方体の体積：

$$\mathrm{d}V=\mathrm{d}x\mathrm{d}y\mathrm{d}z$$

(b)　球面極座標(図 1.24)

球面上の面積(図の斜線部)：

$$\mathrm{d}S=r\,\mathrm{d}\theta\cdot r\sin\theta\,\mathrm{d}\phi$$

球の一部分の体積：

$$\mathrm{d}V=\mathrm{d}r\cdot r\,\mathrm{d}\theta\cdot r\sin\theta\,\mathrm{d}\phi$$

問題 1.4　高さ h で底面の面積が S の円錐の体積を空間積分によって求めよ．(ヒント：円錐の頂点を原点におき，対称軸を x 軸とすると体積は x のみによる積分となる．)

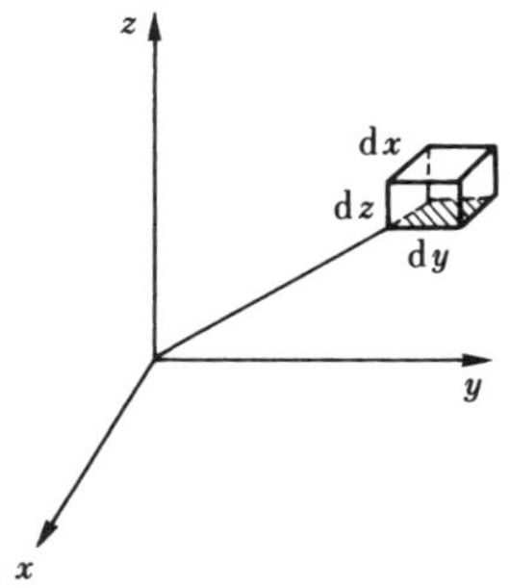

図 1.23 直角座標での微小面積と微小体積

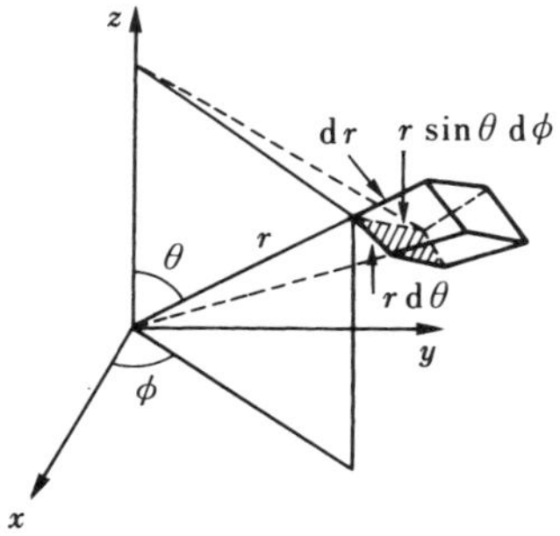

図 1.24 球面極座標での微小面積と微小体積

第1章の問題

Q 1.1 How far does the runner whose velocity-time graph is shown in Fig. 1.25 travel in 16 s? (ヒント：$\varDelta x = v\varDelta t$)

Q 1.2 一直線上を運動する点 P の時刻 t での位置が

(a) $x = a + bt + ct^2$

(b) $x = a \sin \omega t + b \cos \omega t$

(c) $x = ae^{-\beta t} \cdot \cos \omega t$

で与えられているとき，(1)速さ，(2)加速度，(3) $x=0$ を通る時刻，(4)速さが 0 になる時刻を求めよ．

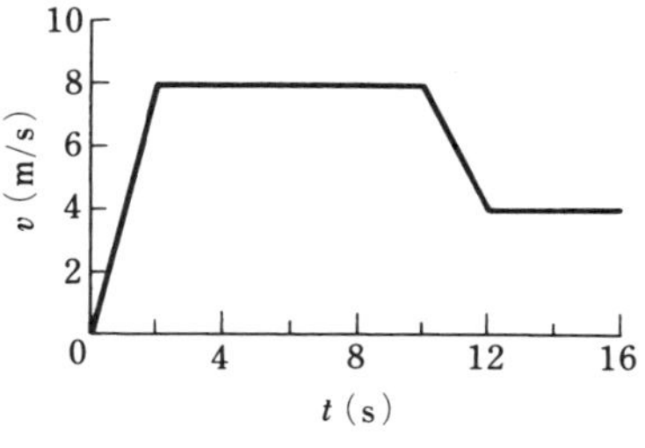

Fig. 1.25 速度の時間変化

Q 1.3 A rabbit runs across a parking lot on which a set of coordinate axes has been drawn. The rabbit's path is such that the components of its position (magnitude and direction) with respect to an origin of coordinates are given as functions of time by

$$x(t) = -0.31t^2 + 7.2t + 28$$

and

$$y(t) = 0.22t^2 - 9.1t + 30.$$

The units of the numerical coefficients in these equations have been suppressed but they are such that, if you substitute t in seconds, x and y will emerge in meters. (a) Calculate the rabbit's position at $t = 0$, 5, 10, 15, 20, 25 s and sketch the rabbit's path. (b) Find the magnitude and direction of the rabbit's velocity at $t = 15$ s. (c) What are the magnitude and the direction of the rabbit's acceleration vector $\boldsymbol{a}$ at $t = 15$ s.

Q 1.4 2 つの物体を t_0 秒隔てて同じ初速度 v_0 で順次真上に投げ上げたとすれば，どれだけの高さ h のところで出会うか．横軸に時間，縦軸に高さをとり，2 つの物体の高さの時間変化を図示してから，計算せよ．加速度は下方に一定の値 g であったとする．

Q 1.5 一定加速度で直線軌道を走る列車が，ある地点を通過したときの列車の前端の速さは v_1，後端の速さは v_2 であった．列車の中央の点が通過したときの速さ v_3 を求めよ．

Q 1.6 初速度 v_0(m/s) で等加速度直線運動をする質点の，第 t_1，第 t_2，第 t_3 秒目の 1 秒間の通過距離をそれぞれ，s_1，s_2，s_3 とすれば，次の関係式があることを証明せよ．ただし，加速度を a(m/s^2) とし，積分により，距離 s(m) を求めること．

$$s_1(t_2 - t_3) + s_2(t_3 - t_1) + s_3(t_1 - t_2) = 0.$$

Q 1.7 放物線 $y = ax^2$ 上の運動で，$\mathrm{d}x/\mathrm{d}t = u$(一定) の時，放物線の軸の方向の速度と加速度($\mathrm{d}y/\mathrm{d}t$, $\mathrm{d}^2y/\mathrm{d}t^2$)を求めよ．

Q 1.8 $\boldsymbol{A} = 2\boldsymbol{i} - 3\boldsymbol{j} - \boldsymbol{k}$, $\boldsymbol{B} = \boldsymbol{i} + 4\boldsymbol{j} - 2\boldsymbol{k}$ のとき，次のものを求めよ．

(1) $\boldsymbol{A} \times \boldsymbol{B}$　(2) $(\boldsymbol{A} + \boldsymbol{B}) \times (\boldsymbol{A} - \boldsymbol{B})$

Q 1.9 半径 a の円の面積を，極座標の r と θ とで表される微小面積($\mathrm{d}S$)の積分によって求めよ．

Q 1.10 半径 a の球の表面積を，球面座標で表される微小面積の積分によって求めよ(図 1.24)．

第2章
運動の法則とエネルギー

2.1　ニュートンの運動の法則

前章では，距離 r，速度 v，加速度 a の間の関係を，微分積分を用いて論じた．速度を変えるのは加速度であるなら，それでは，加速度を与えるものは何であろうか．物体に作用してその運動状態に変化を引き起こす原因を，**力**(force)という．力が働くことで，止まっている物体を動かしたり，動いている物体を止めたりする．

この本で扱うような古典的な力学の大枠は，16〜17 世紀につくられたといえる．後述するように，ニュートン(1643〜1727)は，1590〜1618 年頃のガリレイやケプラーの仕事に基づいて考察して，力と運動との関係を法則にし，著書「プリンシピア」をあらわした(1687)．ニュートンの法則を基にした力学の分野を**ニュートン力学**と呼んでいる．次に述べる 3 つの法則は質点について成り立つものであるが，ここでは物体と呼ぶ．

(1)　ニュートンの運動の第 1 法則

物体は，他から力が働かない限り静止したままか，または等速直線運動を続ける．これを**運動の第 1 法則**(Newton's first law)という．このように，物体には速度を一定に保とうとする性質があることを示している．この性質を**慣性**(inertia)という．そこで，第 1 法則を**慣性の法則**ともいう．慣性の法則が成り立つ座標系を**慣性系**(inertial system)といい，質点の運動を記述するには，適当な慣性系を設定する必要がある．

(2)　ニュートンの運動の第 2 法則

物体に力が働くことにより，力の方向に加速度が生じ，その大きさは力の大きさに比例し，物体の**質量**(mass)に逆比例する．これを**運動の第 2 法則**という．また，この法則は**運動の法則**とも呼ばれる．

質量 m の物体に力 $\boldsymbol{F}$ が働き，物体の加速度が $\boldsymbol{a}$ になったとすると(図 2.1)，この法則は

$$m\boldsymbol{a}=\boldsymbol{F} \tag{2.1}$$

と表される．この式は**運動方程式**(equation of motion)と呼ばれ，物体の運動を記述する基本的な方程式である．この式を速度ベクトル $\boldsymbol{v}$，位置ベクトル $\boldsymbol{r}$ で表すと

$$m\frac{\mathrm{d}\boldsymbol{v}}{\mathrm{d}t}=\boldsymbol{F} \quad \text{または} \quad m\frac{\mathrm{d}^2\boldsymbol{r}}{\mathrm{d}t^2}=\boldsymbol{F} \tag{2.2}$$

となる．直交座標成分に分けて書くと，

$$m\frac{\mathrm{d}^2x}{\mathrm{d}t^2}=F_x, \quad m\frac{\mathrm{d}^2y}{\mathrm{d}t^2}=F_y, \quad m\frac{\mathrm{d}^2z}{\mathrm{d}t^2}=F_z \tag{2.3}$$

となり，接線方向と法線方向の成分で書けば，それぞれ

$$m\frac{\mathrm{d}v}{\mathrm{d}t}=F_t, \quad m\frac{v^2}{\rho}=F_n \tag{2.4}$$

となる．ρ は物体が動いている点における経路の曲率半径である．極座標で表現すると，

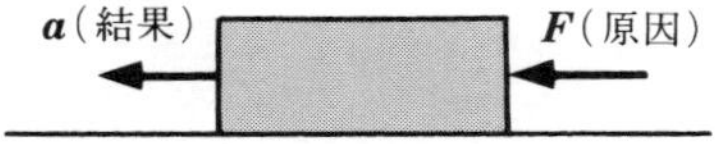

図 2.1　力 $\boldsymbol{F}$ と加速度 $\boldsymbol{a}$

$$\left.\begin{aligned} m\left\{\frac{\mathrm{d}^2 r}{\mathrm{d}t^2} - r\left(\frac{\mathrm{d}\theta}{\mathrm{d}t}\right)^2\right\} = F_r \\ \frac{m}{r}\left\{\frac{\mathrm{d}}{\mathrm{d}t} r^2\left(\frac{\mathrm{d}\theta}{\mathrm{d}t}\right)\right\} = F_\theta \end{aligned}\right\} \tag{2.5}$$

となる．

地球上の物体は，常に鉛直下方に質量に比例する力を受けている．この力を**重力**(gravity) W という．この重力の大きさをその物体の**重さ**(weight)と呼んでいる．**重力加速度**(gravitational acceleration)を g ($\fallingdotseq 9.8\ \mathrm{m/s^2}$，緯度と高度によっては多少異なる)とすれば，重力は $W = mg$ と表される．

多くの力が1つの質点に働くときは，それらの力をベクトルの合成法によって求めた合力が働くと考えればよい．力の合力を求めるには，力の平行四辺形の法則(スティーブンス，1605)によればよい(図2.2)．

そこで，質点の質量を m，力を $\boldsymbol{F}_1, \boldsymbol{F}_2, \boldsymbol{F}_3, \cdots, \boldsymbol{F}_n$ とすれば

$$m\boldsymbol{a} = \boldsymbol{F}_1 + \boldsymbol{F}_2 + \cdots + \boldsymbol{F}_n = \sum_{i=1}^{n} \boldsymbol{F}_i \tag{2.6}$$

となる．これを直交成分で書くと，

$$ma_x = \sum_{i=1}^{n} F_{i,x} = F_x, \quad ma_y = \sum_{i=1}^{n} F_{i,y} = F_y, \quad ma_z = \sum_{i=1}^{n} F_{i,z} = F_z \tag{2.7}$$

となる．

1つの質点に働いている力の総和が0のとき，すなわち $\sum_{i=1}^{n} \boldsymbol{F}_i = 0$ のとき，力がつり合っているといい，質点は止っているか，等速運動を続ける．

質量のSI単位はkgであるが，gも用いられている．力のSI単位は，質量1

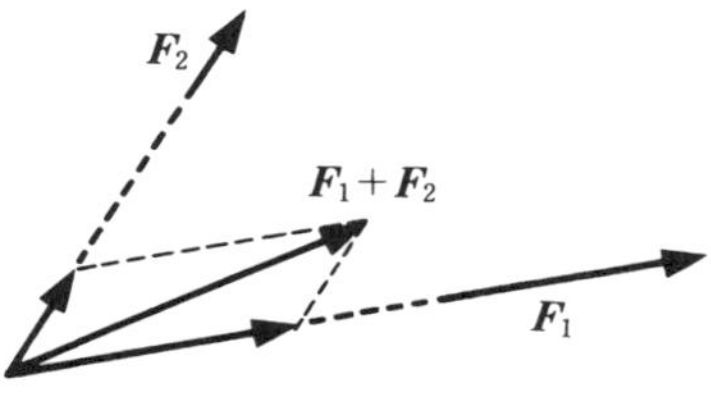

図2.2　力の平行四辺形の法則

kg の質点に作用して 1 m/s^2 の大きさの加速度を生じさせる力を，1 **ニュートン**(N)と呼ぶ，そこで，1 N＝m·kg/s^2 となる．また，CGS 単位系では，1 g の質点に 1 cm/s^2 の大きさの加速度を生じさせる力を 1 **ダイン**(dyn)と呼ぶ．そこで，1 N＝10^5 dyn である．また，1 kg の物体に働く重力の大きさをもとにした 1 キログラム重(kgw)，または，1 重力 kg(kgf)が力の実用単位として用いられている．例えば，気体の圧力の単位として kgf/cm^2 が使われていて，1 気圧はほぼ 1 kgf/cm^2 である．kgw と N の関係は，1 kgw＝9.80665 N である．1 N≒0.1 kgw となるので，1 N は約 100 g(単 1 乾電池の重さ)の質量の物体に働く力と思えばよい．

(3) ニュートンの運動の第 3 法則

2 つの物体があり，物体 1 が物体 2 に力 $\boldsymbol{F}_{12}$ を及ぼしているときには，逆に，物体 2 も物体 1 に力 $\boldsymbol{F}_{21}$ を及ぼしている．これら 2 つの力は大きさが等しく向きが反対で，両者を結ぶ直線上にある(図 2.3)．これを**運動の第 3 法則**という．この法則は**作用反作用の法則**(law of action and reaction)とも呼ばれる．この法則を式で書けば

$$\boldsymbol{F}_{12}=-\boldsymbol{F}_{21} \tag{2.8}$$

となる．

問題 2.1 滑らかな水平面上にある板(質量 M)の上を，人(質量 m)が板に対して加速度 a_1 で歩くとき，板は水平面に対してどのような加速度 a_2 をもつか．また，人と板とが及ぼし合う力 R はどうか(図 2.4)．(ヒント：作用と反作用を考える．また a_1

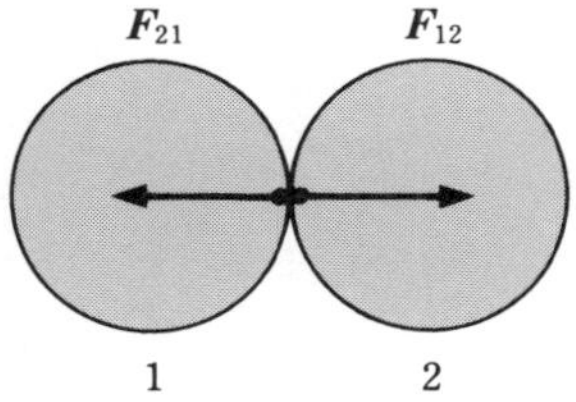

図 2.3 作用反作用の法則

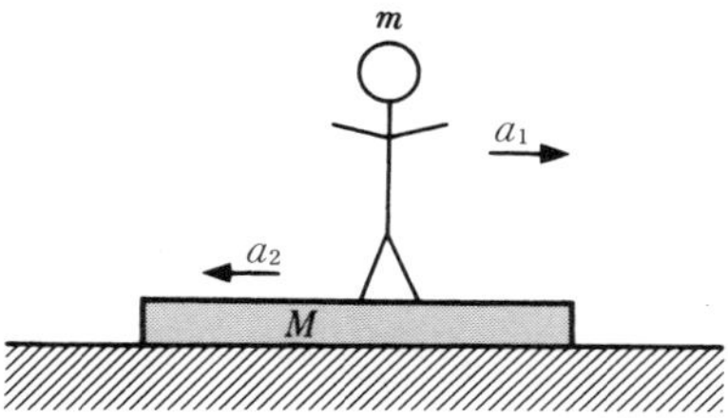

図 2.4　板の上の人

が相対加速度，すなわち，加速度の差であることも注意.)

2.2　代表的な運動　4

簡単な運動について，その運動方程式を解いて具体的な運動の様子を調べる. 問題を解析する手順は，①質点に働いている力を全て書き出す，②運動方程式をたてる，③2階の微分方程式を解く，である.（なお，大学1〜2年の教養教育科目の物理の範囲では，1階の微分方程式を扱う場合がほとんどである.)

例題 2.1　**等加速度運動**(uniformly accelerated motion)：時刻 $t=0$ において，質量 m の物体を初速 v_0 で真上に投げ上げた場合，物体の運動はどうなるか. また，時間 t を横軸に，位置 y を縦軸にとって，位置の時間変化を図示せよ.

解　地表上で，質量 m の物体には鉛直下方に重力が働き，その大きさは mg である. 鉛直方向の直線運動をするから，鉛直上向きに y 軸をとる(図 2.5). このとき運動方程式は

$$m\frac{\mathrm{d}^2y}{\mathrm{d}t^2}=-mg \quad \therefore \quad \frac{\mathrm{d}^2y}{\mathrm{d}t^2}=-g \tag{2.9}$$

よって

$$\frac{\mathrm{d}v}{\mathrm{d}t}=-g \tag{2.10}$$

となる. 両辺に $\mathrm{d}t$ をかけて積分すると,

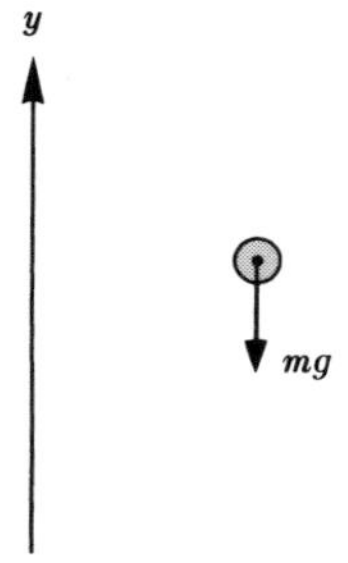

図 2.5 自由落下

$$\int \frac{\mathrm{d}v}{\mathrm{d}t}\mathrm{d}t = -\int g\,\mathrm{d}t$$

$$\therefore \quad v = -gt + C \tag{2.11}$$

となる．$t=0$ のとき，$v=v_0$ の初期条件を用いると，$C=v_0$ となるから，

$$v = -gt + v_0 \tag{2.12}$$

となる．さらに，両辺に $\mathrm{d}t$ をかけて積分し，初期条件($t=0$ のとき $y=0$)を用いると，

$$y = \int v\,\mathrm{d}t = -\frac{1}{2}gt^2 + v_0 t \tag{2.13}$$

となる(参照：1.5 節(2)項)．これを図示すると図 2.6 となる．なお，ガリレイ(1564〜1642)は，初速 $v_0=0$ のときの等加速度運動における $y \propto t^2$ の関係を見いだした．

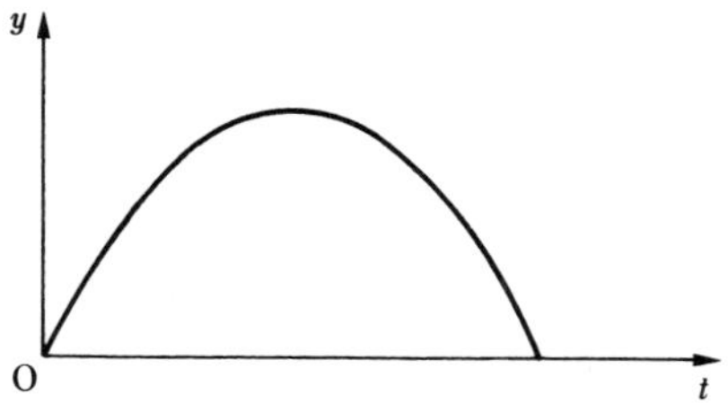

図 2.6 等加速度運動の高さの時間変化

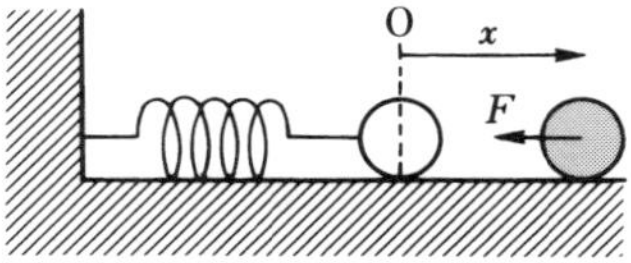

図 2.7　単振動

問題 2.2　**放物運動**(parabolic motion)：地上のある点から水平面となす角 θ ($<\pi/2$) の方向に，$t=0$ で質量 m の物体を初速度 v_0 で投げると，物体はどのような曲線を描いて運動するか．(手順：物体に働いている力を全て書き出し，運動方程式をたてる．これを積分する．)

例題 2.2　**単振動**(simple harmonic motion)：一端を固定したばね(ばね定数 k, $k>0$)に，質量 m の質点をつけ運動させた(図 2.7)．この場合の運動方程式を書き，これを解いて，振動の周期を求めよ．

解　ばねの振動方向を x 軸にとり，ばねが自然長のときの質点の位置を原点Oとする．いま，質点Pを x 軸に沿って動かし，そのずれを x とすると，Pに働く力はばねによる復元力 $-kx$ だけである．ここで，負の符号は，$x>0$ のときは，F は x 軸の負の方向を向いており($F=-kx$)，$x<0$ では正方向を向いていること($F=+k|x|=-kx$)を示している．そこで，この力を受けて x 軸上を運動する質点の運動方程式は

$$m\frac{\mathrm{d}^2x}{\mathrm{d}t^2}=-kx \tag{2.14}$$

となる．ここで，$\omega_0=\sqrt{k/m}$ とおくと，上式は

$$\frac{\mathrm{d}^2x}{\mathrm{d}t^2}=-\omega_0{}^2x \tag{2.15}$$

となる．この解は，

$$x=a\sin(\omega_0t+\phi) \tag{2.16}$$

で与えられる(参照：1.5 節(2)項)．これを図示すると，図 2.8 のようになる．このとき，a を**振幅**(amplitude)，ω_0 を**角振動数**(angular frequency)，ϕ を位相角という．$\nu=\omega_0/2\pi$ を**振動数**(frequency)といい，1 秒間に振動する回数であり，単位は s^{-1} で，これをヘルツ(Hz)という．**周期**(period)は $T=1/\nu=2\pi/\omega_0=2\pi\sqrt{m/k}$ である．

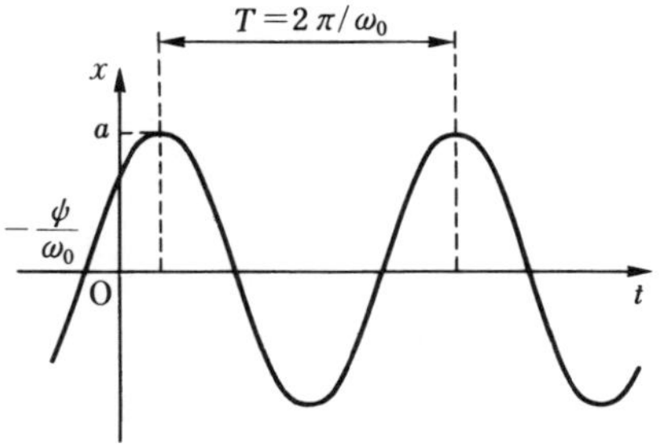

図 2.8　周期関数の周期，振幅，位相角

速度 v を求めてみると，　$v=\mathrm{d}x/\mathrm{d}t$ であるから

$$v=a\omega_0\cos(\omega_0 t+\psi)$$

となり，$x=0$ の時，v が最大になることなどがわかる．

2.3　抵抗力が働いている運動

今までは，摩擦や空気の抵抗や浮力が無視できる運動を扱った．自然界においては，このような抵抗力は小さいが無視できない運動は多い．たとえば，雨滴が等速度で落下してくる場合である．この節では，このような抵抗力を受ける運動を扱う．

例題 2.3　質量 m の雨滴が，大気中を速さ v に比例する抵抗力 $-kmv$（k：単位質量あたりの抵抗係数）を受けて鉛直落下する．雨滴の運動方程式を書き出してから速度について微分方程式を解き，終端速度（v_∞）を求めよ．

解　鉛直下向きに y 軸をとる．働く力は重力と抵抗力のみであるので（図 2.9），運動方程式は

$$m\frac{\mathrm{d}v}{\mathrm{d}t}=mg-kmv \tag{2.17}$$

となる．変形すると

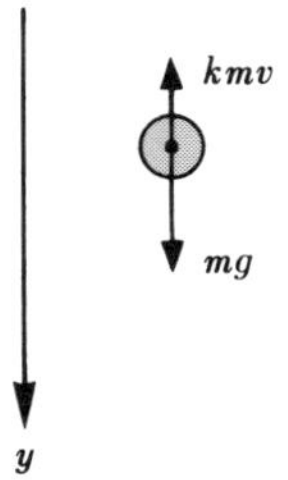

図 2.9　重力と抵抗力

$$\frac{1}{\dfrac{g}{k}-v}\mathrm{d}v=k\,\mathrm{d}t \tag{2.18}$$

となる．これを積分するのに，$g/k-v>0$ を考慮して，

$$\int\frac{1}{g/k-v}\mathrm{d}v=\int k\,\mathrm{d}t \tag{2.19}$$

$$-\log_e\left(\frac{g}{k}-v\right)=kt+C \tag{2.20}$$

となる．初期条件（$t=0$ の時，$v=0$）を入れて変形すると

$$\log_e\left(1-\frac{kv}{g}\right)=-kt \tag{2.21}$$

$$\therefore\quad v=\frac{g}{k}(1-e^{-kt}) \tag{2.22}$$

そこで　　$v_\infty=\dfrac{g}{k}.$

なお，この値はおおよそ 10 m/s である．速度の時間変化は，図 2.10 のようになる．また，1.5 節 (2) 項の微分方程式 (3) は，このようにして解くことができる．

例題 2.4　単振動する質点の運動において，質点の速さに比例する抵抗力 $-2m\gamma v$（γ：単位質量あたりの抵抗係数）が働くときの運動を考える．まず，質点の位置の時間変化を予測し，図を作成せよ．次に，方程式は次式

$$m\frac{\mathrm{d}^2x}{\mathrm{d}t^2}=-kx-2m\gamma\frac{\mathrm{d}x}{\mathrm{d}t}$$

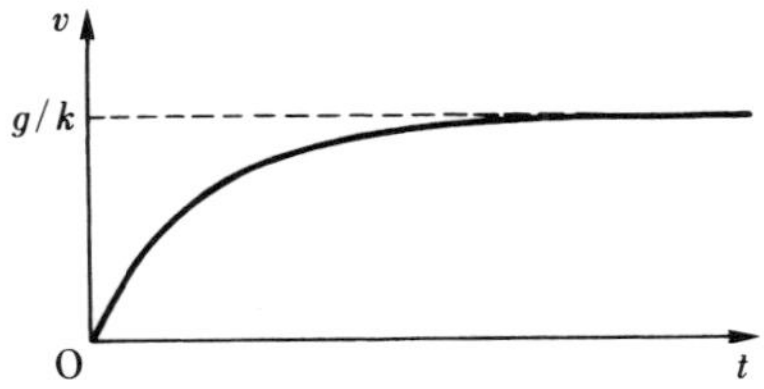

図 2.10 速度の時間変化

で与えられるので，これを解いて解を求めよ．

(解) $\omega_0 = \sqrt{k/m}$ とおき，上式を変形すると，

$$\frac{d^2x}{dt^2} + 2\gamma \frac{dx}{dt} + \omega_0^2 x = 0 \tag{2.23}$$

となる．これを解くため，

$$x = Xe^{-\gamma t} \tag{2.24}$$

とおけば

$$\frac{dx}{dt} = \frac{dX}{dt} e^{-\gamma t} - X\gamma e^{-\gamma t}$$

$$\frac{d^2x}{dt^2} = \frac{d^2X}{dt^2} e^{-\gamma t} - 2\gamma \frac{dX}{dt} e^{-\gamma t} + \gamma^2 X e^{-\gamma t}$$

となるから，これから

$$\frac{d^2X}{dt^2} + (\omega_0^2 - \gamma^2) X = 0 \tag{2.25}$$

を得る．この微分方程式を解くには，3つの場合分けをしなければならない．まず，①抵抗が小さくて $\gamma < \omega_0$ の場合には，$\omega_0^2 - \gamma^2 = \omega^2$ とおくと，上式は，

$$\frac{d^2X}{dt^2} + \omega^2 X = 0 \tag{2.26}$$

となる．これは単振動の式と同じであるから，

$$X = A \sin (\sqrt{\omega_0^2 - \gamma^2}\, t + \psi) \tag{2.27}$$

の解がある．したがって

$$x = Ae^{-\gamma t} \sin (\sqrt{\omega_0^2 - \gamma^2}\, t + \psi) \tag{2.28}$$

が求まる．これを，**減衰振動**(damped oscillation)という(図 2.11)．

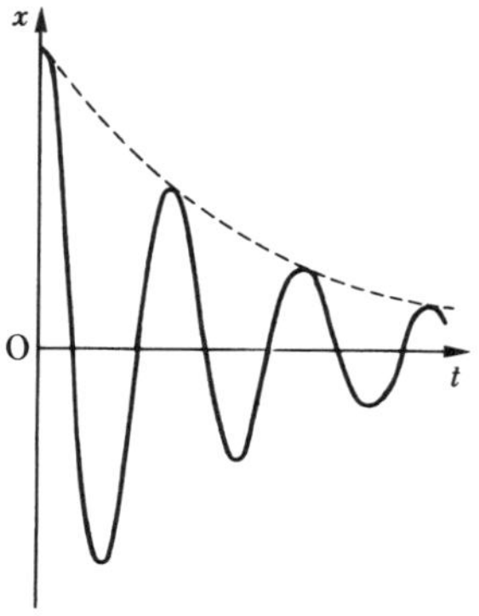

図 2.11 減衰振動

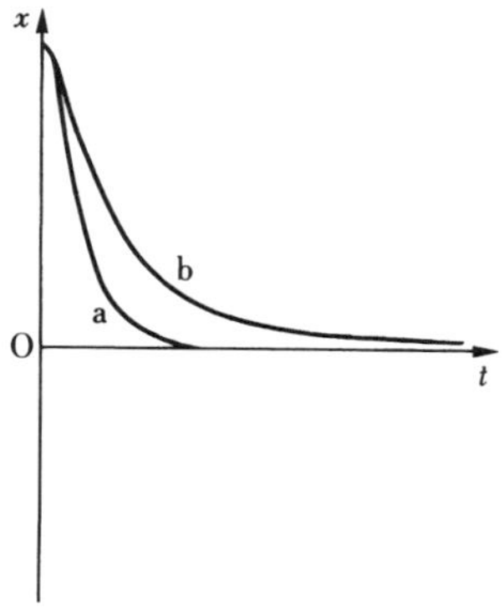

図 2.12 過減衰 (b) と臨界減衰 (a)

次に，②抵抗が大きくなると($\gamma > \omega_0$)，

$$x = e^{-\gamma t}\{Ae^{\sqrt{\gamma^2-\omega_0{}^2}\,t} + Be^{-\sqrt{\gamma^2-\omega_0{}^2}\,t}\} \tag{2.29}$$

という一般解をもつ．これは，時間とともに，{ }の中に第2項が急激に減少し，$e^{-\gamma t}$ も減少していく．この解は振動しないで減衰するので，**過減衰**(over-damping)という(図 2.12)．

また，③$\gamma = \omega_0$ のとき，式(2.26)から $\mathrm{d}^2X/\mathrm{d}t^2 = 0$ となるので $X = A + Bt$，よって，

$$x = (A + Bt)\,e^{-\gamma t} \tag{2.30}$$

となる．これも同様に非周期的な運動になる．これを，**臨界減衰**という．

2.4 仕事と運動エネルギー 5

1つの質点に力 $\boldsymbol{F}$ が働いて，$\boldsymbol{F}$ と同じ向きに質点を距離 $\boldsymbol{s}$ だけ動かしたとき，この力は質点に対して

$$W = Fs \tag{2.31}$$

の**仕事**(work)をしたと定義する．そこで，質点は W の仕事をされたともいう．

変位 $\boldsymbol{s}$ と力 $\boldsymbol{F}$ とのなす角が θ のときには(図 2.13)，この力は

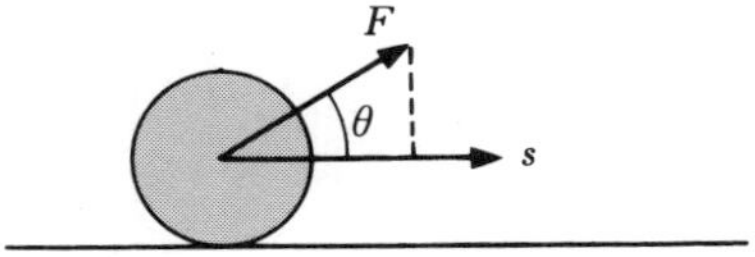

図 2.13　仕事

$$W = Fs\cos\theta \tag{2.32}$$

の仕事をしたことになる．

$0 \leqq \theta < \pi/2$ のとき，W は正であり，この力は質点に正の仕事をしている．しかし，$\theta = \pi/2$ のときには $W=0$ となり，力は質点に何の仕事もしない．また，$\pi/2 < \theta \leqq \pi$ のとき W は負となり，力は負の仕事をしたという．ベクトルの内積の定義から式(2.32)は，

$$W = \boldsymbol{F}\cdot\boldsymbol{s} \tag{2.33}$$

と表現できる．内積の定義によって，右辺を直角成分で表すと，

$$\boldsymbol{F}\cdot\boldsymbol{s} = F_x s_x + F_y s_y + F_z s_z \tag{2.34}$$

となる．

次に，質点に働く力の大きさや方向が時間とともに変化する場合を考える(図2.14)．この場合には，経路を多くの微小変位 $\mathrm{d}\boldsymbol{s}$ に分けて，この微小変位の間は力が一定であるとみなすと，この微小変位での仕事($\mathrm{d}W$)は，$\mathrm{d}W = \boldsymbol{F}\cdot\mathrm{d}\boldsymbol{s}$ とおける．そこで，質点が点 P_1 から P_2 へ移動する間に力がする仕事は，微小仕事 $\mathrm{d}W$ を経路に沿って点 P_1 から点 P_2 まで積分すればよいことになる．経路の

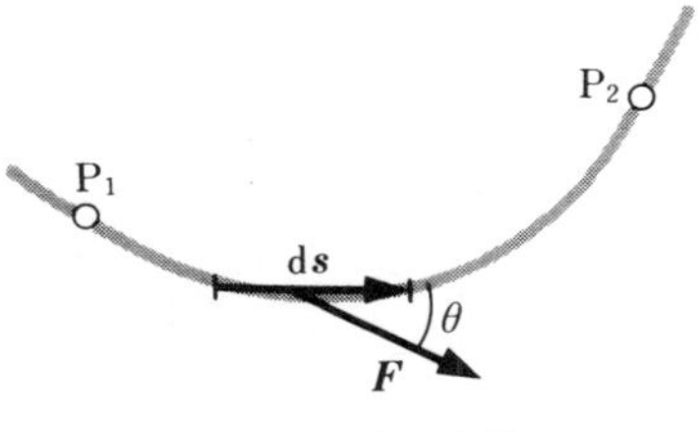

図 2.14　力と変位

接線と力の方向とのなす角を θ とすると，仕事 W は

$$W=\int_{P_1}^{P_2}dW=\int_{P_1}^{P_2}\boldsymbol{F}\cdot d\boldsymbol{s} \tag{2.35}$$

で与えられる．

仕事の単位には，SI 単位系では**ジュール**(J)を用いる．1 J は，1 N の力で力の方向に質点を 1 m だけ動かすときの仕事である．すなわち，1 J=1 N·m である．また，CGS 単位系では**エルグ**(erg)を用いる．1 erg は 1 dyn(**ダイン**)の力で，その方向に質点を 1 cm だけ動かすときの仕事で，1 erg=1 dyn·cm である．そこで，1 J=10^7 erg となる．後ででてくるエネルギーも仕事と同じ単位を用いる．

仕事が速くなされるか遅くなされるかを問題にするときは，質点の移動の速さが直接影響する．仕事をする時間的割合を**仕事率**(power)という．P は

$$P=\frac{dW}{dt}=F\cos\theta\frac{ds}{dt}=\boldsymbol{F}\cdot\boldsymbol{v} \tag{2.36}$$

で与えられる．1 秒あたり 1 J の仕事を**ワット**(W)と定義するので，1 J/s≡1 W である．この単位は電磁気学でなじみのある電力の単位と同一である．

次に，力 $\boldsymbol{F}$ が仕事をして質点の速度 $\boldsymbol{v}$ を変える場合に，$\boldsymbol{F}$ と $\boldsymbol{v}$ の関係を調べてみる．時刻 t_1，t_2 における質点の位置を P_1，P_2 とし，その時の速さを $\boldsymbol{v}_1$，$\boldsymbol{v}_2$ とする．そこで，運動方程式 $\boldsymbol{F}=m\,d\boldsymbol{v}/dt$ の両辺に $d\boldsymbol{s}$ を内積的にかけ，経路に沿って P_1 から P_2 まで積分すると，$d\boldsymbol{s}=\boldsymbol{v}\,dt$ を用いて，

$$\int_{P_1}^{P_2}\boldsymbol{F}\cdot d\boldsymbol{s}=\int_{P_1}^{P_2}m\frac{d\boldsymbol{v}}{dt}\cdot d\boldsymbol{s} \tag{2.37}$$

$$\int_{P_1}^{P_2}m\frac{d\boldsymbol{v}}{dt}\cdot d\boldsymbol{s}=\int_{t_1}^{t_2}m\frac{d\boldsymbol{v}}{dt}\cdot\boldsymbol{v}\,dt=\int_{t_1}^{t_2}\frac{1}{2}m\left(\frac{d\boldsymbol{v}^2}{dt}\right)dt$$

$$=\int_{v_1}^{v_2}\frac{1}{2}m\,dv^2=\frac{1}{2}m{v_2}^2-\frac{1}{2}m{v_1}^2 \tag{2.38}$$

となる．したがって

$$\int_{P_1}^{P_2}\boldsymbol{F}\cdot d\boldsymbol{s}=\frac{1}{2}m{v_2}^2-\frac{1}{2}m{v_1}^2 \tag{2.39}$$

となる．この式に，$v_2=v$，$v_1=0$ とおいてみると，

$$\int_{P_1}^{P_2} \boldsymbol{F}\cdot d\boldsymbol{s} = \frac{1}{2}mv^2$$

となる．そこで，始め止っていた質点に力が作用して，外力は $(1/2)mv^2$ の仕事をしたといえる．それゆえに

$$K = \frac{1}{2}mv^2 \tag{2.40}$$

を**運動エネルギー**(kinetic energy)と定義すると都合が良い．そうすると，式(2.39)の右辺は，運動エネルギーの差($\varDelta K$)となり，式(2.39)は，力 F が質点になした仕事は，質点の運動エネルギーの増加に等しい，ということができる．

2.5　保存力と位置エネルギー

重力だけが働く空間において，質量 m の質点が点 P から点 P_0 まで動く場合，その質点に働いている力のする仕事量を考える(図 2.15)．地表の水平面内に x，y 軸を，鉛直上方に z 軸をとり，点 P_0，P の高さを地表よりそれぞれ h_1，h_2($h_2 - h_1 \equiv h > 0$) とする．$F_z = -mg$，$F_y = 0$，$F_x = 0$ であるので，点 P から P_0 までの間に重力のする仕事 W は，式(2.34)から，

$$W = \int_{h_2}^{h_1} F_z\, dz = -mg(h_1 - h_2) = mg\, h \tag{2.41}$$

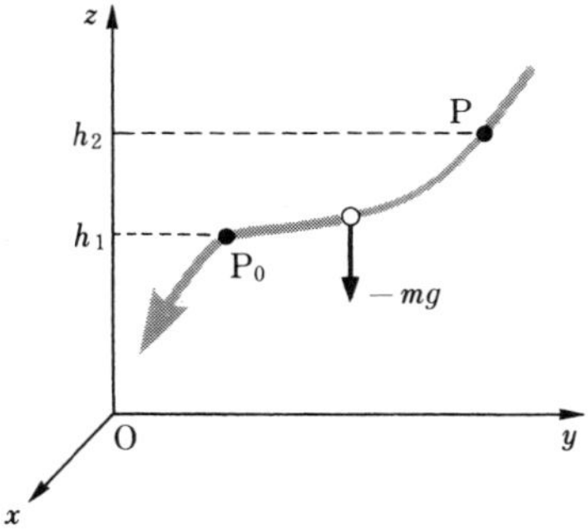

図 2.15　位置の変化

となる．この W の値は P と P_0 の位置だけで決まり，質点が運動する途中の経路には関係しない．このように，力が働いて質点がある任意の点 P から基準点 P_0 まで動き，力のする仕事が，経路に関係なく点 P_0 と P の位置だけで決まる場合，この力を**保存力**(conservative force)という．万有引力やクーロン力などは保存力であるが，摩擦力や空気の抵抗力などは保存力でない．

そこで，更に，質点に保存力 $\boldsymbol{F}$ が働いている場合に，点 P から基準点 P_0 まで保存力のする仕事を $U(\mathrm{P})$ とし，すなわち

$$U(\mathrm{P})=\int_{\mathrm{P}}^{\mathrm{P}_0}\boldsymbol{F}\cdot\mathrm{d}\boldsymbol{s}=-\int_{\mathrm{P}_0}^{\mathrm{P}}\boldsymbol{F}\cdot\mathrm{d}\boldsymbol{s} \tag{2.42}$$

を定義してみる．この $U(\mathrm{P})$ を，P_0 を基準としたときの点 P における質点のもつ**位置エネルギー**(potential energy)という．これは，質点が点 P にあるときには，点 P_0 にあるときよりも位置エネルギー $U(\mathrm{P})$ だけ，何らかの仕事をする能力があることを意味している．

上の例のように，重力のもとで高さ h にある質点は，

$$U=mgh \tag{2.43}$$

の位置エネルギーをもつ．

基準点 P_0 からみた点 P_1，P_2 の位置エネルギーを U_1，U_2 とすると，保存力の場で質点が点 P_1 から点 P_2 まで移動する間に，保存力 F のする仕事 W は，

$$W=\int_{\mathrm{P}_1}^{\mathrm{P}_2}\boldsymbol{F}\cdot\mathrm{d}\boldsymbol{s}=\int_{\mathrm{P}_1}^{\mathrm{P}_0}\boldsymbol{F}\cdot\mathrm{d}\boldsymbol{s}-\int_{\mathrm{P}_2}^{\mathrm{P}_0}\boldsymbol{F}\cdot\mathrm{d}\boldsymbol{s}=U_1-U_2 \tag{2.44}$$

となり，2 点 P_1，P_2 の間の位置エネルギーの差で表される．

質点に働いている力が保存力のときには，上式(2.44)と前節の式(2.39)から

$$\frac{1}{2}mv_2{}^2-\frac{1}{2}mv_1{}^2=U_1-U_2 \tag{2.45}$$

すなわち

$$\frac{1}{2}mv_1{}^2+U_1=\frac{1}{2}mv_2{}^2+U_2 \tag{2.46}$$

となる．上式は任意の点 P_1，P_2 で成立するから，$(mv^2/2+U)$の量が一定に保たれていることを示している．運動エネルギーと位置エネルギーの和を**力学的エ**

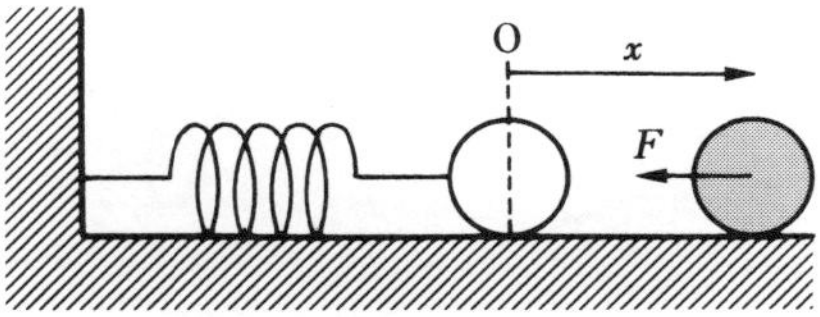

図 2.16 ばねによる仕事

ネルギーといい，運動中にこれが不変に保たれることを**力学的エネルギー保存の法則**(law of conservation of mechanical energy)という．熱的エネルギーも含むエネルギー保存の法則は，メイヤー(1842)とヘルムホルツ(1847)によって確立された．

問題 2.3 一端を固定したばね(ばね定数 k)の他端に質量 m の質点を結び，力を加えて自然長から x だけ伸ばした(図 2.16)．ばねの伸びがもと($x=0$)に戻るまでに，ばねが質点にする仕事 U を求めよ．

2.6 万有引力

(1) 万有引力

彗星を見ると神秘的に思えるし，惑星の運動は，古代より人類の興味を引くものであった(図 2.17)．ギリシャ時代は地球を中心とした天動説が信じられていたが，文芸復興のころコペルニクス(1473〜1543)は太陽を中心とした地動説を唱えた．その後，ティコ・ブラーエ(1546〜1601)の行った精密で膨大な観測結果を，彼の弟子のケプラー(1571〜1630)は整理し，その結果を 3 つの法則にまとめた．

1．惑星は太陽の位置を 1 つの焦点とする楕円軌道を描く(1606)．

2．惑星が太陽の周りに描く面積速度は一定である(1606)．

3．惑星の公転周期の 2 乗は，軌道長半径の 3 乗に比例する(1618)．

これを**ケプラーの法則**という．しかし，この法則は軌道の形の解析であり，この惑星の観測結果に力学的説明を与えるまでにはいかなかった．この法則を根

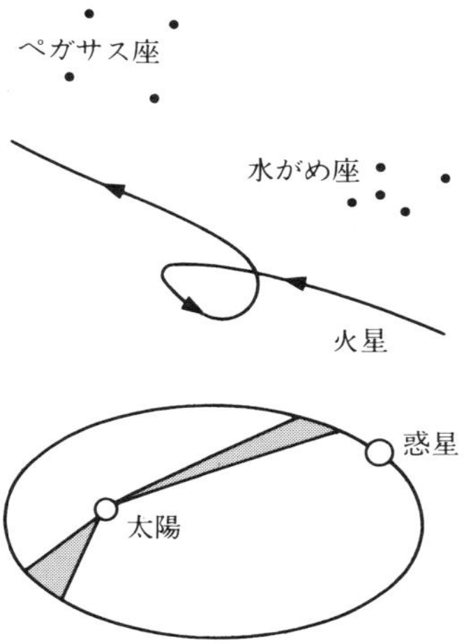

図 2.17　火星の逆行と惑星の地球の周りの運行

源的に説明したのはニュートン(1643〜1727)であった．彼は，太陽が惑星と引き合う力と，地上で物体が落下するときに働く力とは同種の力であると考え，つぎの結論に達した．2つの質点間には，これらを結ぶ方向に引力が働き，その大きさは両質点の質量の積に比例し，質点間の距離の2乗に逆比例する．これを**万有引力の法則**(law of universal gravitation)という(1687)．すなわち，2つの質点の質量を m_1，m_2，その間の距離を r，働く力を F とすると(図2.18)，

$$F=-\frac{Gm_1m_2}{r^2} \tag{2.47}$$

となる．負の符号は引力であることを示す．ベクトル表現では

$$\boldsymbol{F}=-\frac{Gm_1m_2}{r^3}\boldsymbol{r} \tag{2.48}$$

となる．比例定数 G は**万有引力定数**とよばれ，つぎの値をもつ．

$$G=6.673\times10^{-11}\ \mathrm{N\cdot m^2/kg^2} \tag{2.49}$$

この G の値は，後に，キャベンディッシュによって測定された(1798)．

2つの質点間に働く万有引力の方向は，着目する質点から他の質点に向かう．

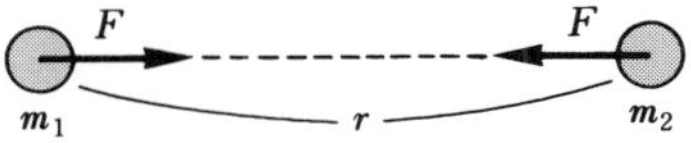

図 2.18 万有引力

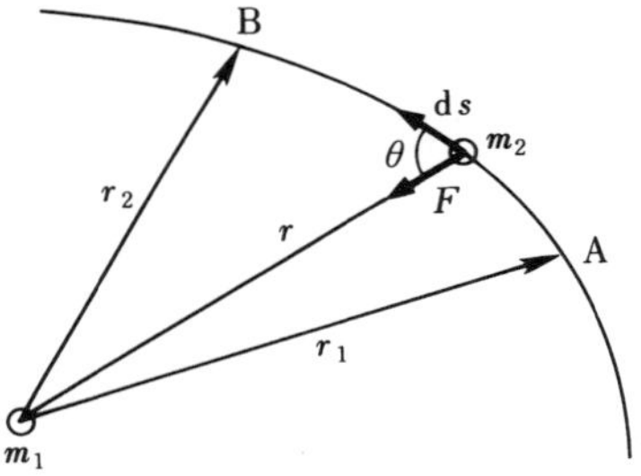

図 2.19 中心力による軌道

万有引力のように，質点に働く力が常に1つの定点を通るとき，この力を**中心力**(central force)という．中心力の性質から万有引力が保存力であることを示すことができる．m_1 の位置を原点に選び，m_2 が点 A から点 B まで動く間に万有引力のする仕事 W を求める(図 2.19)．W は，

$$W=\int_{\mathrm{A}}^{\mathrm{B}} F\cos\theta\,\mathrm{d}s=-Gm_1m_2\int_{r_1}^{r_2}\frac{1}{r^2}\,\mathrm{d}r=-Gm_1m_2\left(\frac{1}{r_1}-\frac{1}{r_2}\right) \tag{2.50}$$

となる．変形には $\cos\theta\,\mathrm{d}s=\mathrm{d}r$ を用いた．この結果から，万有引力のなす仕事は，最初の位置(r_1)と最後の位置(r_2)の関数で経路によらない．そこで，万有引力は保存力である．

(2) 万有引力による位置エネルギー

質量 M の質点と質量 m の質点とが距離 r 離れていて，その間に万有引力が働いていると，その万有引力による位置エネルギー(gravitational potential

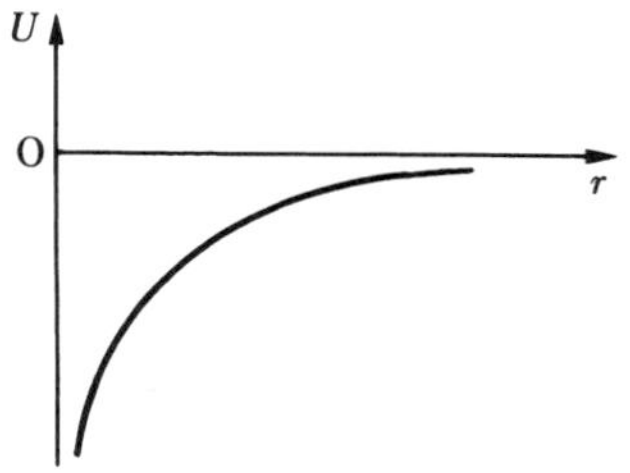

図 2.20　万有引力によるポテンシャル

energy) U は，式(2.47)で $m_1 = M$，$m_2 = m$ とおき，基準点(P_0)を $r \to \infty$ の無限点に選び，同様の計算をすると，

$$U = \int_r^\infty \boldsymbol{F} \cdot \mathrm{d}\boldsymbol{s} = \int_r^\infty \left(-\frac{GMm}{r^2} \right) \mathrm{d}r = -\frac{GMm}{r} \qquad (2.51)$$

となる(図 2.20)．なお，基準点を $r = 0$ にとろうとすると，関数の値が発散するので計算は不可能である．

問題 2.4　人工衛星が地表すれすれの円軌道を回るためには，どれだけの初速 v_1 の最小値(第1宇宙速度)を与えなければならないか．また，地球の引力圏から脱出するための初速 v_2(第2宇宙速度)はどれだけか．地球の半径を R とし，地表での重力の加速度を g とする．ただし，太陽の引力，空気の摩擦などは無視してよい．さらに，$R = 6.37 \times 10^3$ km としたとき，それらの数値を求めよ．(ヒント，v_1：円運動の加速度，v_2：人工衛星の運動エネルギー)

力が保存力であるとき，質点のもつ位置エネルギー U は質点の位置だけで定まっている．そこで，U は空間の位置によって定まる1つの量であると考えることができ，**ポテンシャル**という．

重力やばねの場合で見られるように，保存力 F とポテンシャル U の間には，U が x のみの関数のときには，

$$F = -\frac{\mathrm{d}U(x)}{\mathrm{d}x} \qquad (2.52)$$

の関係がある(図 2.21)．ばねの例では，$U = kx^2/2$(問題 2.3 の解)となることか

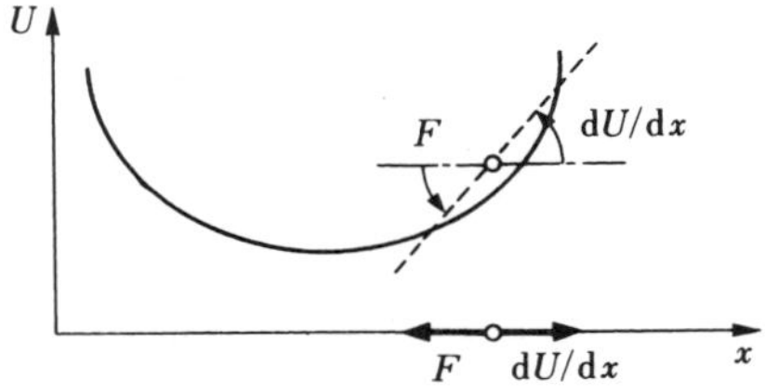

図 2.21　保存力 $\boldsymbol{F}$ と位置エネルギー U

ら，

$$F=-\frac{\mathrm{d}U(x)}{\mathrm{d}x}=-\frac{\mathrm{d}}{\mathrm{d}x}\left(\frac{kx^2}{2}\right)=-kx \tag{2.53}$$

となることがわかる．式(2.52)を $\mathrm{d}U+F\,\mathrm{d}x=0$ と変形してみるとわかるように，保存力 F が正の仕事をすると U が減少することを示している．このことは，エネルギー保存の法則が成立していることを示している．式(2.52)を 3 次元の場合にも拡張すると，この場合には

$$\boldsymbol{F}=-\boldsymbol{i}\frac{\partial U}{\partial x}-\boldsymbol{j}\frac{\partial U}{\partial y}-\boldsymbol{k}\frac{\partial U}{\partial z} \tag{2.54}$$

すなわち，1.5 節(1)項の公式によって

$$\boldsymbol{F}=-\mathrm{grad}\,U \tag{2.55}$$

と表される．

2.7　中心力と面積速度*　6

中心力が働く場合に，ケプラーの第 2 法則である面積速度一定の法則を導いてみる．運動方程式 $m(\mathrm{d}\boldsymbol{v}/\mathrm{d}t)=\boldsymbol{F}$ の両辺に $\boldsymbol{r}$ を外積としてかけ，$(\mathrm{d}\boldsymbol{r}/\mathrm{d}t)\times m\boldsymbol{v}=0$ を用いて変形すると，

$$\frac{\mathrm{d}}{\mathrm{d}t}(\boldsymbol{r}\times m\boldsymbol{v})=\boldsymbol{r}\times\boldsymbol{F} \tag{2.56}$$

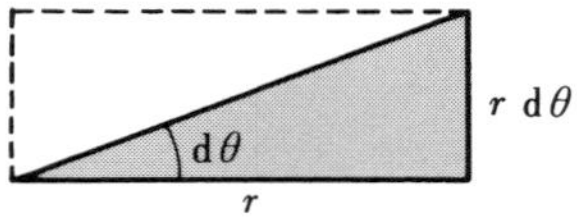

図 2.22　面積速度($h=r\times r\,\mathrm{d}\theta/2$)

となる．$\boldsymbol{F}$ が中心力のときは $\boldsymbol{r}\times\boldsymbol{F}=0$ となるから，上式の右辺は 0 である．したがって，$\boldsymbol{r}\times m\boldsymbol{v}$ は一定となる．このベクトルの大きさと向きが一定であることは，$\boldsymbol{r}$ と $\boldsymbol{v}$ のある平面も空間に対して一定方向をなすことを表していて，平面運動を行うことがわかる．なお，$\boldsymbol{r}\times m\boldsymbol{v}$ は 3.2 節にでてくる角運動量ベクトル $\boldsymbol{L}$ である．

面積速度は $|\boldsymbol{r}\times\boldsymbol{v}|\mathrm{d}t/2$ であるから，一定であることが分かるが，1.3 節の極座標を用いて導出することもできる．動径方向の力を F_r，方位角方向の力を F_θ とすると，

$$m\left\{\frac{\mathrm{d}^2 r}{\mathrm{d}t^2}-r\left(\frac{\mathrm{d}\theta}{\mathrm{d}t}\right)^2\right\}=F_r,\quad \frac{m}{r}\frac{\mathrm{d}}{\mathrm{d}t}\left\{r^2\left(\frac{\mathrm{d}\theta}{\mathrm{d}t}\right)\right\}=F_\theta \qquad (2.57)$$

となる．中心力には方向角成分はないから $F_\theta=0$ となるので，

$$r^2\frac{\mathrm{d}\theta}{\mathrm{d}t}=2h(=\text{定数}) \qquad (2.58)$$

であり，面積速度 h が一定であることがわかる(図 2.22)．

2.8　運動量と力積

今まで扱った質点の運動では，質量 m が一定としているから，運動方程式を変形すると $\mathrm{d}(m\boldsymbol{v})/\mathrm{d}t=\boldsymbol{F}$ となる．ここで，

$$\boldsymbol{p}\equiv m\boldsymbol{v} \qquad (2.59)$$

という量を定義し，これを**運動量**(momentum)とよぶ．これを用いると，運動方程式は，

$$\frac{\mathrm{d}\boldsymbol{p}}{\mathrm{d}t}=\boldsymbol{F} \tag{2.60}$$

と表せる．

質点に外力が働かない場合($\boldsymbol{F}=0$)は，上式は簡単に積分でき，$\boldsymbol{p}=$一定となる．これを**運動量保存の法則**という．この保存則は力学的エネルギー保存の法則とともに重要な法則である．

$\boldsymbol{F}\neq 0$ の場合，上式の両辺に $\mathrm{d}t$ をかけ，時間 t について，t_1 から t_2 まで積分すると，

$$\boldsymbol{p}(t_2)-\boldsymbol{p}(t_1)=\int_{t_1}^{t_2}\boldsymbol{F}\mathrm{d}t \tag{2.61}$$

が得られる．この式の左辺は，力 $\boldsymbol{F}$ が働いた結果生じる運動量の変化量である．また，右辺は時刻 t_1 から t_2 までの**力積**(impulse)という．そこで，式(2.61)から，運動量の変化はその時間内に働いた力積に等しいといえる．運動量と力積の単位は kg·m/s または N·s である．

2 つの物体が**衝突**(collision)する場合や野球バットで球を打つ場合などのように，短い時間 Δt だけ作用して，物体の速度を急激に変えるような力 F を**撃力**(impulsive force)という．この場合，各瞬間の力の状況がわからなくても，撃力が働く前後の物体の運動量の変化から，その撃力の大きさを知ることができる．

問題 2.5　ピッチャーが 140 g のボールを投げた．その速度がホームベース上で 39 m/s(≒140 km/h) であり，それをバッターが打ったところ，ボールは 39 m/s の速度で飛んでいった．(a) この時の力積 J を求めよ．(b) 衝突の時間 Δt が 1.2 ms(=1.2×10^{-3}s)であったとすると，この時作用する撃力の平均値 F はいくらか．(c) その時のボールの加速度はいくらで，重力の加速度のおおよそ何倍か．

2.9　束縛運動と摩擦

(1)　束縛力

質点が平面や曲面の上に位置が限られて運動をするとき，その質点の運動を

束縛運動といい，質点の運動を制限する条件を**束縛条件**という．束縛運動を考える場合，束縛条件は**束縛力**(constraining force)という力として扱い，これを運動方程式の力の項に加えて質点の運動を考えなければならない．そこで，重力のような力を $\boldsymbol{W}$ とし，束縛力を $\boldsymbol{R}$ とすると，運動方程式は

$$m\boldsymbol{a}=\boldsymbol{W}+\boldsymbol{R} \tag{2.62}$$

の形で表される．たとえば，図2.23のように，水平で滑らかな床の上に静止した物体があるとき，物体には鉛直下向きに重力 $\boldsymbol{W}$ が働く．それに応じて大きさが $\boldsymbol{W}$ に等しく反対向きの**抗力**(reaction) $\boldsymbol{N}$ が働くと考える．この抗力を**垂直抗力**という．この $\boldsymbol{N}$ が束縛力 $\boldsymbol{R}$ である．この場合，$\boldsymbol{W}=\boldsymbol{N}$ である．面に沿った運動をさせた時に面に沿う方向の成分がなければ，その束縛はなめらかであるという．

例題 2.5　一端Oを固定した長さ l の軽い糸の他端に質量 m のおもりを固定し，Oを含む鉛直面内で振動させる装置を**単振り子**という(図2.24)．この質点について接線方向と法線方向の運動方程式をたてよ．つぎに，振幅が小さいときの周期 T を求めよ．

解　振り子の振れの角を θ，張力を S としたとき，l は曲率半径 ρ に相当するので，角度 θ での速度を v とすると，接線方向と法線方向の運動方程式はそれぞれ，

$$m\frac{\mathrm{d}v}{\mathrm{d}t}=-mg\sin\theta,\quad m\frac{v^2}{l}=S-mg\cos\theta \tag{2.63}$$

となる．また，l と θ の関係として，

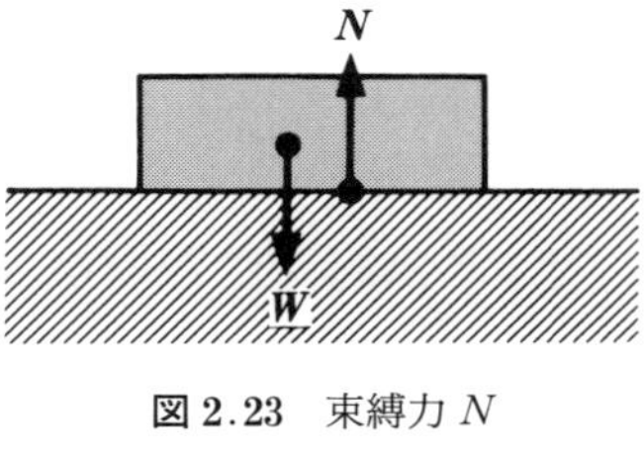

図 2.23　束縛力 N

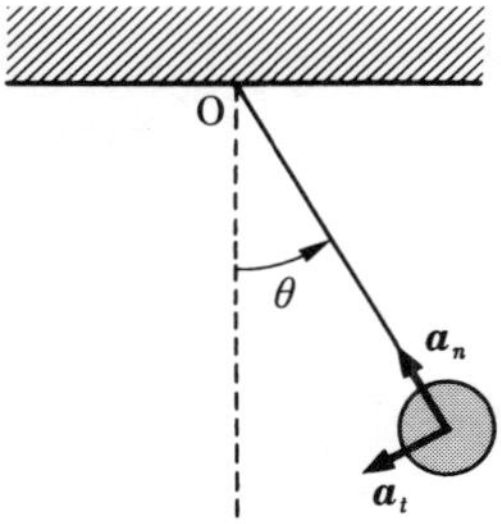

図 2.24　振り子の加速度

$$v = l\frac{\mathrm{d}\theta}{\mathrm{d}t} \tag{2.64}$$

があるので，両辺を微分して，接線方向の運動方程式に代入すると

$$\frac{\mathrm{d}^2\theta}{\mathrm{d}t^2} = -\frac{g}{l}\sin\theta \fallingdotseq -\frac{g}{l}\theta \tag{2.65}$$

となる．この式の一般解は

$$\theta = A\sin\left(\sqrt{\frac{g}{l}}\,t + \alpha\right) \tag{2.66}$$

となるから，$T = 2\pi\sqrt{l/g}$ である．

この周期は，振幅によらない．これを振り子の等時性(ガリレイ，1583)という．

上記の単振り子でも重力の加速度 g は求まるが，より正確な方法としてボルダの振り子(1790)という剛体に近似した方法がある(1，2 年の物理学実験の格好のテーマ)．これによると，周期 T は

$$T = 2\pi\sqrt{\frac{I}{mgh}}\left(1 + \frac{\theta^2}{16}\right) \tag{2.67}$$

となる．I は慣性モーメント，h は重心までの距離，θ は振り子の半振幅の角である．

(2) 摩擦力

運動を束縛している面や線が滑らかでないと，前項の場合と異なり，束縛力はその面や線に沿った成分をもつ．これを**摩擦力**(frictional force)という．この力はいつも運動方向と逆向きに働く．

滑らかでない面，すなわち，あらい面上にある物体に対し，水平方向に小さな外力 $\boldsymbol{K}$ を加えても，物体は動かない．これは，外力と大きさが等しくて反対向きの力 $\boldsymbol{f}$ が，あらい面からこの物体に働くからである．この力 $\boldsymbol{f}$ を**静止摩擦力**という．この場合，$\boldsymbol{K}-\boldsymbol{f}=0$，$\boldsymbol{N}-\boldsymbol{W}=0$ である(図2.25)．しかし，外力 $\boldsymbol{K}$ がある限界を超えると物体は動き出す．このときの力 $\boldsymbol{f}_m$ を**最大静止摩擦力**という．実験結果から，最大静止摩擦力の大きさ f_m は，接触面での垂直抗力の大きさ N に比例する．すなわち，

$$f_m = \mu N \tag{2.68}$$

と表される．比例定数 μ を**静止摩擦係数**といい，接触面の種類や状態によって決まる定数で，接触面の面積には関係しない．

外力が最大静止摩擦力よりも大きくなって物体が滑り出してからも，外力を取り除くと物体は静止する．これは運動中の物体にも，運動を妨げようとする力が働いていることを示している．この力を**動摩擦力**という．動摩擦力の大きさ f' も，接触面が物体に及ぼす垂直抗力の大きさ N に比例し，運動を妨げる向きに生じる．すなわち

$$f' = \mu' N \tag{2.69}$$

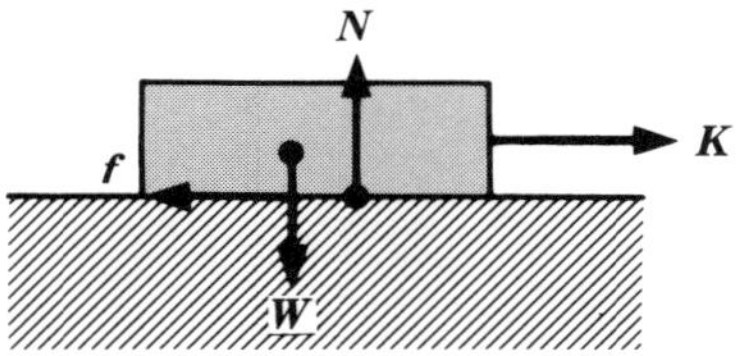

図2.25 静止摩擦力

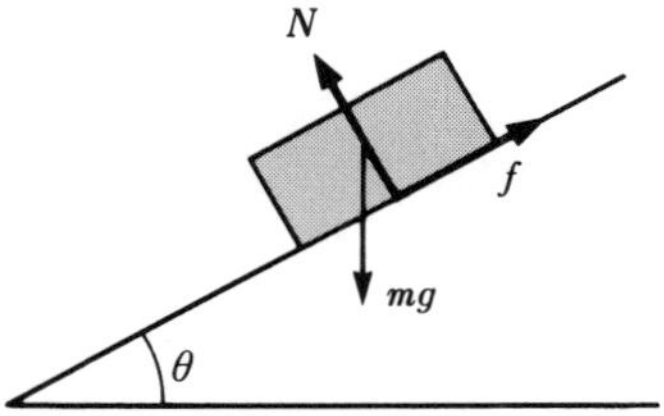

図 2.26　斜面での摩擦力

となる．比例定数 μ' を**動摩擦係数**といい，接触面の面積や物体の速さに無関係である．同じ1組の物体と接触面における動摩擦係数 μ' は，静摩擦係数 μ より小さい．

次に，水平面に対して θ だけ傾いている斜面上に静止した物体について考える(図 2.26)．面から受ける垂直抗力の大きさは，物体の質量を m として $N=mg\cos\theta$ であり，このときの静止摩擦力の大きさ f が，斜め下方の方向の重力の分力 $F=mg\sin\theta$ とつり合っている．傾斜角 θ を大きくしていくと，この分力 F の増加に応じて静止摩擦力 f も増加していく．しかし，ついには F が最大静止摩擦力の大きさ f_m より大きくなり，物体は滑り出す．この滑り始める直前の傾斜角 θ_0 を**摩擦角**という．このとき，滑り出す直前の力のつりあいの関係から

$$\mu=\tan\theta_0 \qquad (2.70)$$

が成り立つ．

問題 2.6　質量 m の質点が傾斜角 θ のあらい斜面の傾きが最も急な直線に沿って，大きさ v_0 の初速で上方にはじき出されたとき，この質点が到達しうる最大距離 x_m を求めよ．ただし，動摩擦係数を μ' とし，最大傾斜線に沿って上向きに x 軸をとる．

2.10　相対運動と慣性力　7

(1)　慣性系

運動を記述するときの座標系は静止しているとして，これまでは考えてきた．

しかし，地球が自転しているので，地上での運動は動いている座標系から見ていることになる．また，走行している電車に乗っている人が同じ電車に乗っている人を見ると止まって見えるが，地上にいる人から見ると，この2人はある速さで動いている．そこで，動く座標系も考えられるし，更に，動く座標系で考えたほうが便利な場合もある．

ニュートンの第1法則，第2法則はどのような座標系でも成り立つのではない．第1法則が成り立つような座標系を，**慣性系**(inertial system)という．慣性系はただ1つだけではない．ある慣性系に対して，静止または等速運動をしている座標系も慣性系である．

簡単のため，2次元の平面上に2つの座標系 S と S' があるとする．図2.27で x，x' 軸は平行を保ち，y，y' 軸は平行を保つとする．S から見た O′ の座標を x_0，y_0 とする．S' は S に対して等速運動を行うので，

$$\frac{\mathrm{d}x_0}{\mathrm{d}t}=u_0,\quad \frac{\mathrm{d}y_0}{\mathrm{d}t}=w_0$$

である．ただし，u_0，w_0 は O′ の S 系に対する速度成分である．任意の質点 P の S，S' に対する座標を$(x,\ y)$，$(x',\ y')$とすれば，

$$x=x_0+x',\quad y=y_0+y'$$

となり，また，

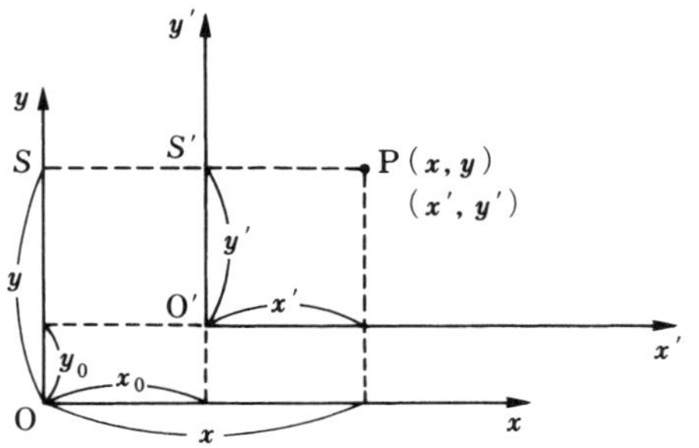

図 2.27 平行移動する座標系 S'

$$x_0 = u_0 t, \quad y_0 = w_0 t$$

ただし，$t=0$ で O′ は O に一致するものとした．すると，

$$x = u_0 t + x', \quad y = w_0 t + y'$$

となる．

そこで，質点が S で等速運動をすれば，S' でも等速運動をするといえる．また，上式を 2 度微分すると，

$$\frac{\mathrm{d}^2 x}{\mathrm{d}t^2} = \frac{\mathrm{d}^2 x'}{\mathrm{d}t^2}, \quad \frac{\mathrm{d}^2 y}{\mathrm{d}t^2} = \frac{\mathrm{d}^2 y'}{\mathrm{d}t^2}$$

となり，加速度は 2 つの座標系で等しくなる．

これを 3 次元に拡張し，ベクトルで表現してみる．$\boldsymbol{r}$，$\boldsymbol{r}'$ をそれぞれ S 系，S' 系における質点の位置ベクトルとし，$\boldsymbol{r}_0$ と $\boldsymbol{v}_0$ は，S 系からみた S' 系の原点(O′)の $t=0$ での位置ベクトルと速度ベクトルとする．すると，

$$\boldsymbol{r}(t) = \boldsymbol{r}'(t) + (\boldsymbol{v}_0 t + \boldsymbol{r}_0)$$

$$\therefore \quad \boldsymbol{r}'(t) = \boldsymbol{r}(t) - \boldsymbol{v}_0 t - \boldsymbol{r}_0 \tag{2.71}$$

と書ける．

S，S' での速度 $\boldsymbol{v}$，$\boldsymbol{v}'$ の間には，上式の微分から，

$$\boldsymbol{v}' = \boldsymbol{v} - \boldsymbol{v}_0 \tag{2.72}$$

が成り立ち，同様に，加速度 $\boldsymbol{a}$，$\boldsymbol{a}'$ の間には

$$\boldsymbol{a}' = \boldsymbol{a} \tag{2.73}$$

の関係が成り立つ．したがって，加速度はどちらの座標系でみても同じになる．すなわち，質点 1 つに力を加えたときに生じる加速度は，どちらの座標系で測定しても同じであるから，両座標系の運動方程式は完全に同じになる．

(2)　慣性力

慣性系 S に対して，一定の加速度 $\boldsymbol{a}_0$ で動く運動座標系 S' を考える．すなわち，座標系 S からみた S' の相対速度 $\boldsymbol{v}_0$ が一定でないので，式(2.72)を微分して

$$\frac{\mathrm{d}\boldsymbol{v}'}{\mathrm{d}t}=\frac{\mathrm{d}\boldsymbol{v}}{\mathrm{d}t}-\frac{\mathrm{d}\boldsymbol{v}_0}{\mathrm{d}t} \tag{2.74}$$

となり，$\mathrm{d}\boldsymbol{v}_0/\mathrm{d}t=\boldsymbol{a}_0$ であるので

$$\frac{\mathrm{d}\boldsymbol{v}'}{\mathrm{d}t}=\frac{\mathrm{d}\boldsymbol{v}}{\mathrm{d}t}-\boldsymbol{a}_0 \tag{2.75}$$

となる．あるいは，

$$\frac{\mathrm{d}^2\boldsymbol{r}}{\mathrm{d}t^2}=\frac{\mathrm{d}^2\boldsymbol{r}'}{\mathrm{d}t^2}+\boldsymbol{a}_0 \tag{2.76}$$

となる．S 系における運動方程式

$$m\frac{\mathrm{d}^2\boldsymbol{r}}{\mathrm{d}t^2}=\boldsymbol{F} \tag{2.77}$$

に式(2.76)を代入し，変形すると，S' 系での運動方程式は，

$$m\frac{\mathrm{d}^2\boldsymbol{r}'}{\mathrm{d}t^2}=\boldsymbol{F}-m\boldsymbol{a}_0 \tag{2.78}$$

となる．すなわち，質点に働く力として，真の力 $\boldsymbol{F}$ 以外に，$-m\boldsymbol{a}_0$ という**慣性力**(inertial force)または**見かけの力**(apparent force)を付け加えることで，運動座標系は慣性系であるかのように取り扱うことができる．

図2.28の電車に吊るしてある吊り革について，図(a)では張力 $\boldsymbol{S}$ によって加速度 $\boldsymbol{a}_0$ が生じていると見なせるし，図(b)では見かけの力$(-m\boldsymbol{a}_0)$と張力(S)と重力(W)とがつりあっているとみなすことができる．

次に，運動座標系 S' 系が質点に固定されている座標系で考える．式(2.78)で

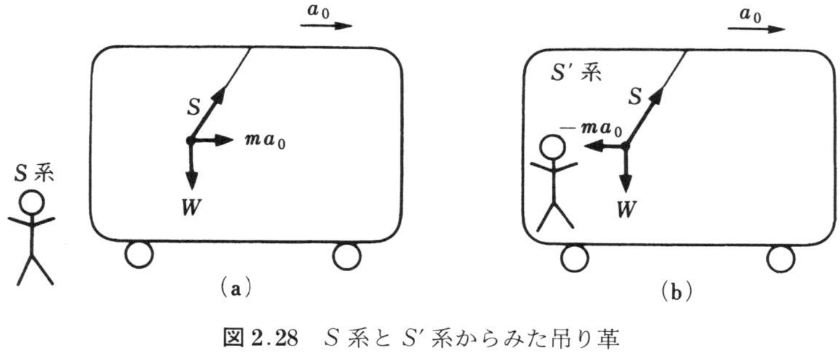

図2.28　S 系と S' 系からみた吊り革

$d^2\boldsymbol{r}'/dt^2=0$ であることから

$$\boldsymbol{F}-m\frac{d^2\boldsymbol{r}}{dt^2}=0 \tag{2.79}$$

となり，この座標系の原点 O′ の固定座標系(S)に対する加速度 $\boldsymbol{a}_0$ は，固定座標系に対する物体の加速度 $d^2\boldsymbol{r}/dt^2$ に等しい．したがって，この場合，加速度をもつ運動座標系では真の力 $\boldsymbol{F}$ と慣性力$(-m\,d^2\boldsymbol{r}/dt^2)$とが，質点に働いてつりあっているときの問題と考えることができる．

(3) 運動座標系が慣性系に対して回転運動するとき

バイクに乗った人が等速円運動する場合を考える(図 2.29)．まず，固定座標系(慣性系)で扱う．バイクと人とが一体と考え，その質量を m，速度を v，回転半径を r とする．このときの加速度は中心 O を向き，その大きさは，式(1.21)から $v^2/r\,(=r\omega^2)$ となる．ここで，ω はバイクの角速度である．したがって，バイクは中心に向って

$$F=\frac{mv^2}{r}=mr\omega^2 \tag{2.80}$$

という力が働かなければならない．この必要な力を**向心力**という．このためバイクを運転してカーブを曲がる時には，曲率中心方向に傾かせることが必要である．

一方，回転している座標系からはバイク上の人は静止していて，人には力が

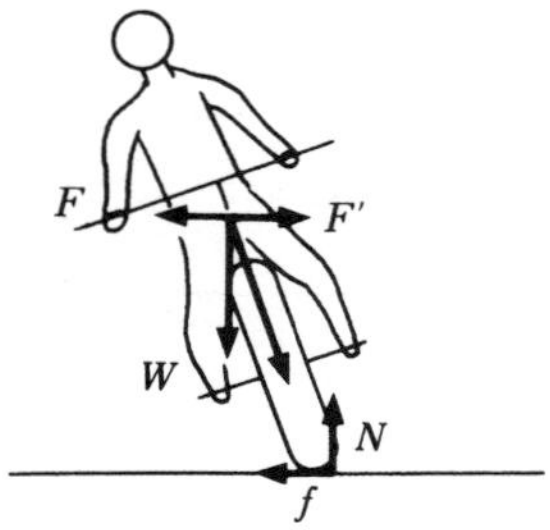

図 2.29 バイクにのった人

働いていないように見える．そこで向心力を打ち消すような力が逆向きに働いていると考えなければならない．その力を F' とすると，

$$F' = -\frac{mv^2}{r} = -mr\omega^2 \qquad (2.81)$$

となる．この力を**遠心力**(centrifugal force)といい，慣性力の一種である．

回転系では，特殊な状況で，遠心力以外に**コリオリの力**(1828)とよばれる力が働く．たとえば，遊園地で回転する円板上でコーヒーカップを自分で自転させる乗り物で遊ぶと，遠心力以外の予期せぬ力を受ける．この力がコリオリの力であり，これも慣性力の一種である．今，角速度 ω で回転している円板上を，中心Oに向かって質量 m の人が $\boldsymbol{v}$ で動くとする(図2.30)．今，角速度をベクトルで表現し，大きさが $\boldsymbol{\omega}$ で方向が回転軸の方向で，右ねじの進む向きをその向きとする．それによると，受ける力の大きさは，

$$\boldsymbol{F} = 2m\boldsymbol{v} \times \boldsymbol{\omega} \qquad (2.82)$$

となり，その向きは速度 $\boldsymbol{v}$ に垂直である．

低気圧で中心に吹き込む風の向きが等圧線に垂直ではなく，北半球では右方向にずれるのはコリオリの力による(図2.31)．そこで，冬，等圧線が南北に走るが，風は西からでなくむしろ北西から吹くことになる．

問題 2.7 エレベーターが上方に a の加速度で上昇していくときに，質量 m の物体が床から受ける力 N を，次の2つの座標系から求めよ(図2.32)．(1) エレベーターの外からの慣性系，(2) エレベーターに固定した座標系．

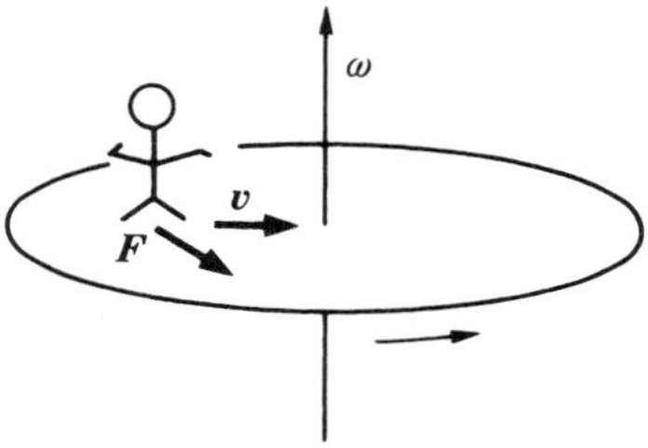

図2.30 円板上を歩行する人

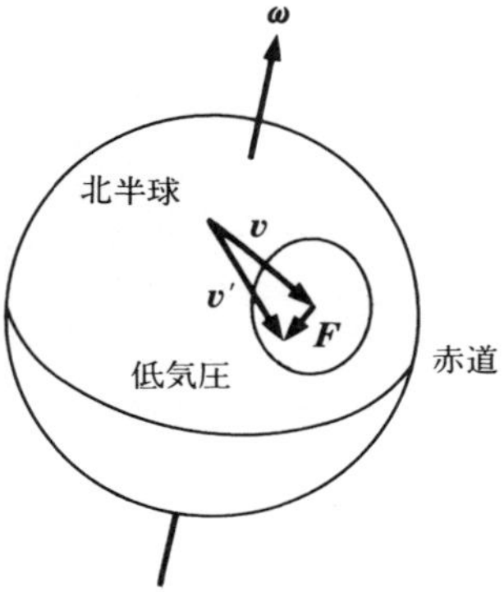

図 2.31　北半球での低気圧の風の向き

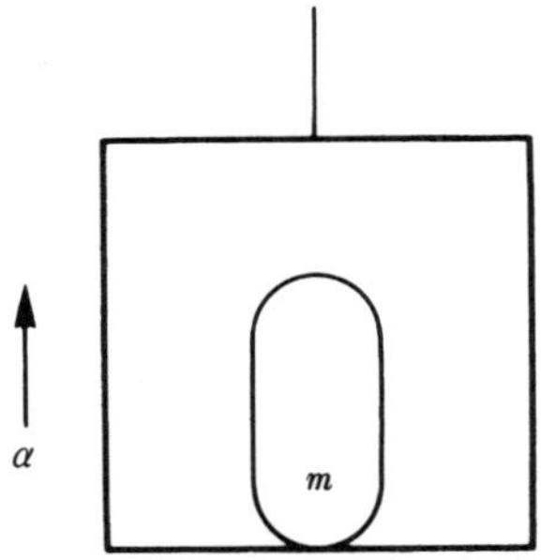

図 2.32　エレベーター中の物体

第 2 章の問題

Q 2.1　A student pushes a loaded sled whose mass m is 240 kg for a distance d of 2.3 m over the frictionless surface of a frozen lake. He exerts a constant horizontal 130-N force F as he does so ; see Fig. 2.33. If the sled starts from rest, what is its final velocity ?

Q 2.2　In a two-dimensional tug-of-war, Alex, Betty, and Charles pull on ropes that are tied to an automobile tire. The ropes make angles as shown in Fig. 2.34, which is a view from above. Alex pulls with a force of F_A (200 N) and Charles

Fig. 2.33　そりを押す人

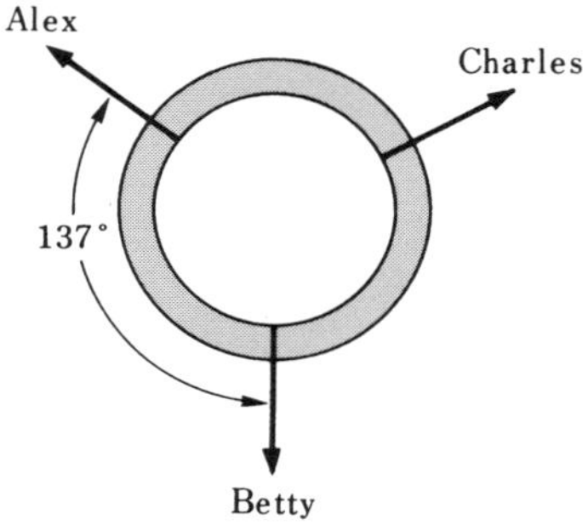

Fig. 2.34　綱引き

with a force F_C (170 N). With what force F_B does Betty pull ?　The tire is stationary and the orientation of Charles's rope is not given.

Q 2.3　固定された滑らかな球の頂点 A から初速度 0 ですべりだした質点は，どこで球面から離れるか(図 2.35)．法線方向と接線方向の運動方程式を立ててから解け．

Q 2.4　摩擦のない質量の無視できる固定滑車に，伸び縮みしない質量の無視できる糸をかけ，その両端に質量がそれぞれ m_1，m_2($m_1 > m_2$) の重りをつるし，手で支えておく．手を放すと，重りが動き始める．このときの重りの加速度 a，t 秒後の速度 v，糸の張力 T を求めよ．

Q 2.5　質量の無視できる棒の先端に質点をつけた単振り子を，鉛直下方と θ_0 の角をなす位置に置き，初速度なしで手を離すとき，任意の位置での張力はいくらか．(ヒント：エネルギー，法線方向の運動方程式を考える．)

Q 2.6　地球を半径 R，質量 M の一様な球とし，地表での重力加速度を g として，次のものを求めよ．

（i） 半径 $r(>R)$ の円軌道を描く人工衛星の周期 T．さらに，地球赤道の上方に静止して見えるような円軌道を描く静止衛星の地上からの高さ h はいくらか．数値を計算せよ．$g=9.8\,\mathrm{m/s^2}$，$R=6.37\times10^3\,\mathrm{km}$ とする．

（ii） 地上から速度 v_0 で鉛直に投げた物体が達する高さ h．

Q 2.7 糸の一端につけた質点が水平面内で等速円運動するとき，円錐振り子という．糸の長さが l，鉛直に対する傾きを θ，質点の質量を m とすると，振り子の周期 T と糸の張力 S はいくらか．

Q 2.8 図 2.36 のように，地球の中心を通るトンネルを反対側まであけたとする．そのトンネルに物体を落とすと，中心に向かって落下し，地球の反対側に抜け，また戻ってくるという単振動をする．中心から r の位置で受ける万有引力による力は，半径 r の球の内側の質量 M' のみにより，外側の殻部の力は打ち消し合って実効的に働かない．今，質量 m の物体を落下させたとき，(a) 物体の受ける力 F を，万有引力定数 G，地球の平均密度 ρ で表現せよ，(b) 反対側に到達する時間 T を求めよ．ただし，$\rho=5.5\times10^3\,\mathrm{kg/m^3}$，$G=6.67\times10^{-11}\,\mathrm{N\cdot m^2/kg^2}$ とする．

Q 2.9 自然の長さ l のばねを吊し，重りをつけると長さが l' になったとき，a だけ下に引きおろして離すと，どのような運動をするか．

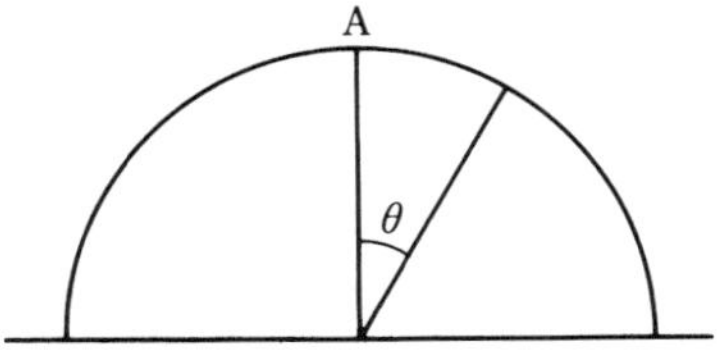

図 2.35 球上の質点

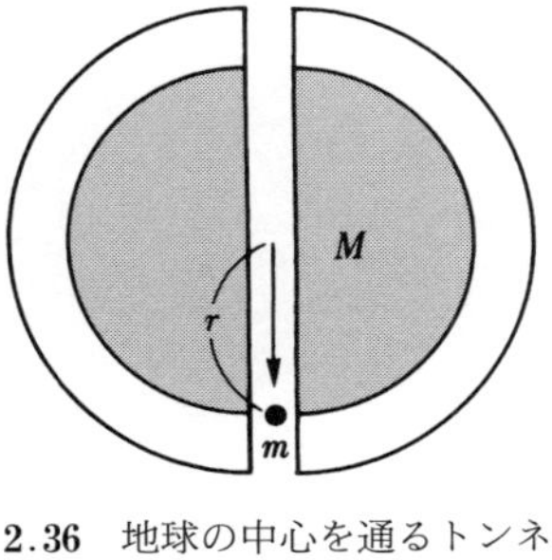

図 2.36 地球の中心を通るトンネル

Q 2.10　ばね定数が k, k_1, k_2 の3種類のばねがある．これらのばねを図2.37のようにつなぎ，質量 m の重りを図のように固定して上下に振動させた．おのおのの場合の周期 T を求めよ．ただし，ばねの質量および台などの質量は無視してよい．おのおのの場合の運動方程式をたててから求めよ．

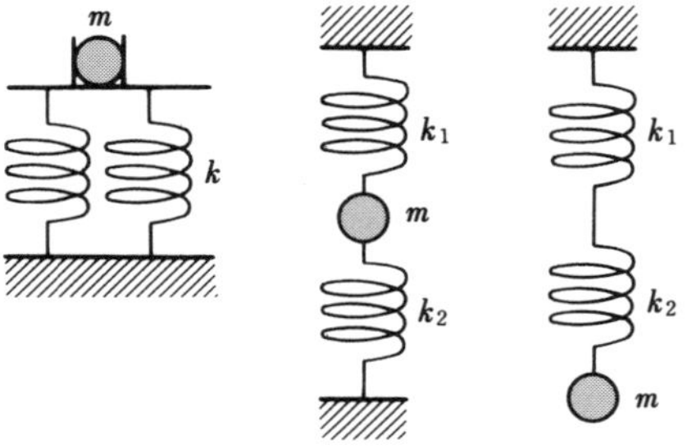

図2.37　ばね

第3章
質点系の力学

3.1　質点系の運動　8

前章までは質点が1個のときの運動を調べてきた．この章では，2個以上の質点の集まりから成る系を考える．これを質点系(system of particles)という．多数の質点からなる系においては，個々の質点に着目することをやめ，質点系全体としての性質を調べてみる．質点系の特徴は，質点系の重心に全質量が集中している1個の質点とみなすことができることである．質点系において働く力は，質点間に働く**内力**と質点系の外部から働く**外力**とに分けられる．

現実の物体は，膨大な数の質点が連続的につながってできたものとみなすことができるので，質点系の力学は次章(第4章)の剛体の力学の基礎となり，そこでは体積をもち，力を加えても変形しない物体の運動を学ぶ．なお，質点系の力学では，角運動量という物理量が定義されて把握しにくい概念に感じられるであろうが，それは第4章の剛体の力学に適応されると理解しやすくなるであろう．

(1)　質量中心

質量 m_i の質点が $\boldsymbol{r}_i$ の位置にあるとき，

$$\boldsymbol{r}_{\mathrm{G}}=\frac{\sum_{i=1}^{n} m_i \boldsymbol{r}_i}{\sum_{i=1}^{n} m_i} \tag{3.1}$$

で与えられる点 G を**質量中心**(center of mass, cm)または**重心**(center of gravity)という．質量中心の数学的意味は，質量が等しければ平均の位置を示し，質量が異なれば質量を重みとした平均の位置を示している．

(2) 2つの質点の運動

ここでは，2つの質点の運動を考える．質点1に外力 $\boldsymbol{F}_1$，質点2に外力 $\boldsymbol{F}_2$ が働いていて，さらに質点1が質点2に及ぼす内力を $\boldsymbol{F}_{12}$，質点2が質点1に及ぼす内力を $\boldsymbol{F}_{21}$ とする(図3.1)．質点1，2の質量と位置ベクトルをそれぞれ m_1，m_2 と $\boldsymbol{r}_1$，$\boldsymbol{r}_2$ とすると，それぞれの質点の運動方程式は

$$m_1\frac{\mathrm{d}^2\boldsymbol{r}_1}{\mathrm{d}t^2}=\boldsymbol{F}_1+\boldsymbol{F}_{21}, \quad m_2\frac{\mathrm{d}^2\boldsymbol{r}_2}{\mathrm{d}t^2}=\boldsymbol{F}_2+\boldsymbol{F}_{12} \tag{3.2}$$

となる．また，運動の第3法則より，

$$\boldsymbol{F}_{12}=-\boldsymbol{F}_{21} \tag{3.3}$$

となる．

まず，外力が働かない場合に($\boldsymbol{F}_1=\boldsymbol{F}_2=0$)，2つの物体の相対的な運動を扱ってみる．これを**2体問題**という．式(3.2)の第1式に m_2 をかけ，第2式に m_1 をかけて，2つの式の差を求めてみる．

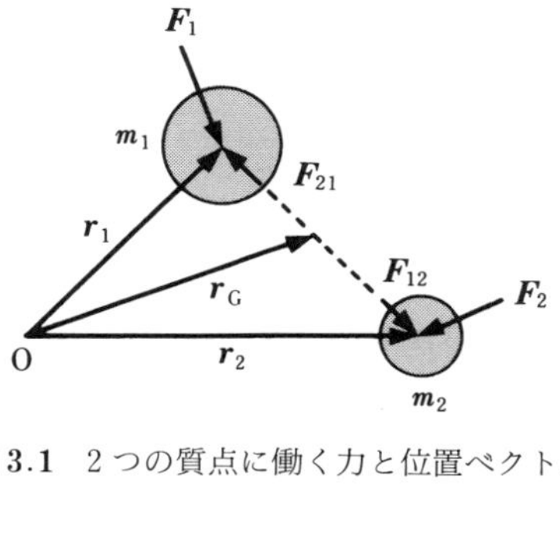

図3.1 2つの質点に働く力と位置ベクトル

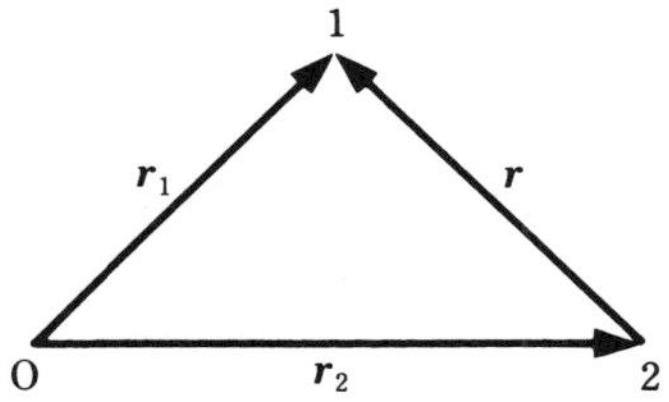

図 3.2 相対ベクトル $\boldsymbol{r}(=\boldsymbol{r}_1-\boldsymbol{r}_2)$

$$m_1 m_2 \frac{\mathrm{d}^2}{\mathrm{d}t^2}(\boldsymbol{r}_1-\boldsymbol{r}_2)=(m_1+m_2)\boldsymbol{F}_{21} \tag{3.4}$$

ここで，$\boldsymbol{F}_{\mathrm{int}}\equiv\boldsymbol{F}_{21}$，$\boldsymbol{r}\equiv\boldsymbol{r}_1-\boldsymbol{r}_2$ とする(図 3.2)．さらに，

$$m\equiv\frac{m_1 m_2}{m_1+m_2} \tag{3.5}$$

とおくと，上式は

$$m\frac{\mathrm{d}^2\boldsymbol{r}}{\mathrm{d}t^2}=\boldsymbol{F}_{\mathrm{int}} \tag{3.6}$$

となる．内力 $\boldsymbol{F}_{\mathrm{int}}$ は m_1 と m_2 を結ぶ直線に沿って働くので，$\boldsymbol{F}_{\mathrm{int}}$ は $\boldsymbol{r}$ に平行である．したがって，互いに作用をおよぼし合う 2 個の質点 1 と 2 の運動は，中心力 $\boldsymbol{F}_{\mathrm{int}}$ を受ける質量 m の 1 個の物体の質点の運動という形になる．この m を**換算質量**，$\boldsymbol{r}$ を**相対座標**とよぶ．

これは，地球と月の関係のような場合であるが，質量の差が極端に大きい場合，例えば，太陽の質量は地球の質量の 33 万倍なので，太陽と地球の質量中心は太陽の位置にほぼ一致する．また，換算質量 m は地球の質量にほぼ等しい．そこで，地球の公転を議論するときは，太陽の点を不動と考え，地球は万有引力を受けて運動すると考えてよい．

次に，外力 $\boldsymbol{F}_1$，$\boldsymbol{F}_2$ が働く場合を扱う．式(3.2)の和をとると

$$\frac{\mathrm{d}^2}{\mathrm{d}t^2}(m_1\boldsymbol{r}_1+m_2\boldsymbol{r}_2)=\boldsymbol{F}_1+\boldsymbol{F}_2 \tag{3.7}$$

となる．いま，質点系の質量中心の位置ベクトル $\boldsymbol{r}_{\mathrm{G}}$ は，式(3.1)から，

$$\boldsymbol{r}_G \equiv \frac{m_1 \boldsymbol{r}_1 + m_2 \boldsymbol{r}_2}{m_1 + m_2} \tag{3.8}$$

となるので，

$$M \frac{\mathrm{d}^2 \boldsymbol{r}_G}{\mathrm{d}t^2} = \boldsymbol{F} \tag{3.9}$$

となる．ただし，

$$M = m_1 + m_2, \quad \boldsymbol{F} = \boldsymbol{F}_1 + \boldsymbol{F}_2 \tag{3.10}$$

である．式(3.9)から，質点系の重心は，質点系の全質量 M が集中し，外力の和 $\boldsymbol{F}$ がそこに働いているときの1個の質点の運動と，同じ運動をするといえる．

ここで，外力が実効的にない($\boldsymbol{F}=0$)ときは，

$$M \frac{\mathrm{d}^2 \boldsymbol{r}_G}{\mathrm{d}t^2} = 0 \tag{3.11}$$

となり，重心の運動は保存される(等速度運動)．

問題 3.1　3つの質点があり，それらの質量と直交座標系での位置は，1.2 kg(0, 0)，2.5 kg(140, 0)，3.4 kg(70, 121) であった．質量中心の座標を求めよ．

(3)　2つの質点の衝突

外力が働かない2つの質点が，内力のみの力を互いに及ぼし合っているとき，式(3.7)で $\boldsymbol{F}_1 = -\boldsymbol{F}_2$ (すなわち $\boldsymbol{F}_1 + \boldsymbol{F}_2 = 0$) とおくと，

$$\frac{\mathrm{d}}{\mathrm{d}t}\left(m_1 \frac{\mathrm{d}\boldsymbol{r}_1}{\mathrm{d}t} + m_2 \frac{\mathrm{d}\boldsymbol{r}_2}{\mathrm{d}t}\right) = \frac{\mathrm{d}}{\mathrm{d}t}(m_1 \boldsymbol{v}_1 + m_2 \boldsymbol{v}_2) = 0 \tag{3.12}$$

となる．上式を積分すると

$$\boldsymbol{p} \equiv m_1 \boldsymbol{v}_1 + m_2 \boldsymbol{v}_2 = \text{一定} \tag{3.13}$$

となり，2つの質点について**運動量保存の法則**が成り立つ．これは，エネルギー保存の法則が成り立たない場合でも成り立ち，重要な法則である．

いま，質量が m_1, m_2 である2つの質点を結ぶ直線上を，速さがそれぞれ v_1, v_2 ($v_1 > v_2$) で運動し，m_1 が後ろから m_2 に接近する場合を考える．$v_1 > v_2$ であるから，m_1 は m_2 に衝突する．このとき，2つの質点が接触する短時間の

間，働く力は内力だけとみなすと，運動量は保存される．衝突後2つの質点の速さがそれぞれ u_1，$u_2(u_1<u_2)$ になったとすると(図3.3)，運動量保存の法則

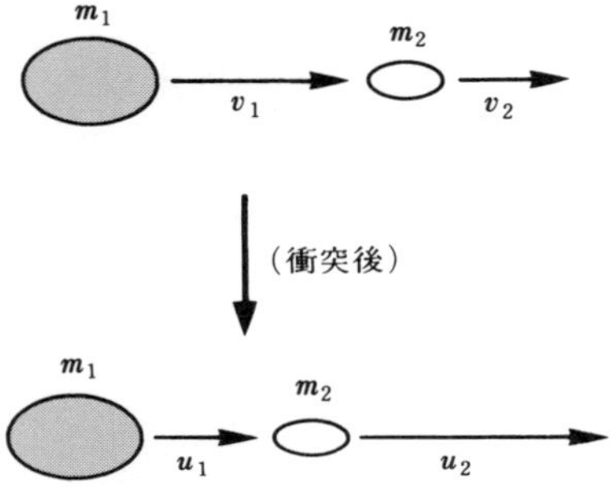

図3.3　2つの球の衝突

より，

$$m_1v_1+m_2v_2=m_1u_1+m_2u_2 \tag{3.14}$$

が成り立つ．この1つの式のみからは2つの未知数(u_1，u_2)は求まらない．この場合，もう1つのパラメータとして**反発係数** e を，次のように定義する．

$$e=-\frac{u_2-u_1}{v_2-v_1} \tag{3.15}$$

そこで上の2つの式(3.14)と(3.15)から，2つの未知数 u_1，u_2 は

$$\left.\begin{aligned} u_1&=v_1+\frac{m_2(1+e)(v_2-v_1)}{m_1+m_2} \\ u_2&=v_2-\frac{m_1(1+e)(v_2-v_1)}{m_1+m_2} \end{aligned}\right\} \tag{3.16}$$

のように求まる．一般に e は0から1の間の値をとり，$e=1$ の場合は現実にはありえないが，**完全弾性衝突**といい，エネルギーは保存される．それ以外を非弾性衝突といい，特に $e=0$ の場合は，衝突後に2つの質点はくっついて運動する．

問題3.2　図3.4のように，質量の等しい5個の綱球が細い紐で吊るされているとする．右端の球2個を斜めに持ち上げて離すと，どのようなことがおこるか．また，そ

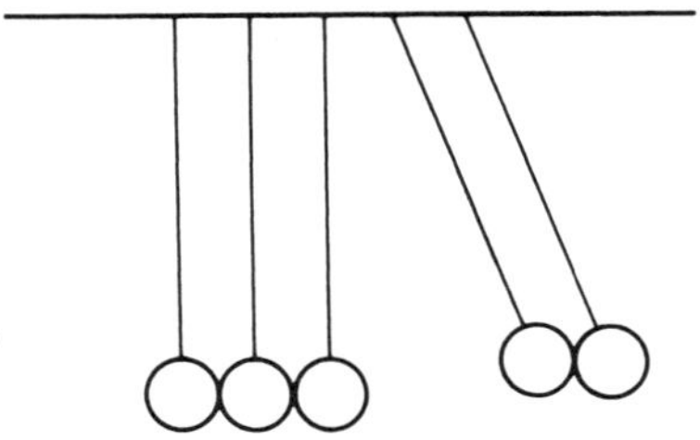

図 3.4　衝突球

の現象を物理的に説明せよ．

(4)　質量の変化する物体の運動*

ロケットがガスを噴射しながら上昇したり，雨滴が霧の付着で大きくなりながら落下したりして，物体の質量が変化しながら運動する場合に成り立つ式を導出する．

質量 m のロケットが，外力 $\boldsymbol{F}$ を受けながら，相対速度 $\boldsymbol{u}$ で単位時間に $\mu(=\mathrm{d}m/\mathrm{d}t)$ の割合でガスを噴出して進む場合を考える．ロケットの速度を $\boldsymbol{v}$，微小時間 Δt での速度の増加を $\Delta\boldsymbol{v}$ とする．この時，ロケットは質量 $m-\mu\Delta t$ で速度 $\boldsymbol{v}+\Delta\boldsymbol{v}$ となり，噴出したガスは質量 $\mu\Delta t$ で速度 $\boldsymbol{v}+\boldsymbol{u}$ となっている．この全体を質点系と考えると，全運動量の変化と力積の関係から，

$$(m-\mu\Delta t)(\boldsymbol{v}+\Delta\boldsymbol{v})+\mu\Delta t(\boldsymbol{v}+\boldsymbol{u})-m\boldsymbol{v}=\boldsymbol{F}\Delta t$$

左辺で $\mu\Delta t\Delta\boldsymbol{v}\fallingdotseq 0$ と近似し，両辺を Δt で割り $\Delta t\to 0$ の極限をとると，

$$m\frac{\mathrm{d}\boldsymbol{v}}{\mathrm{d}t}+\mu\boldsymbol{u}=\boldsymbol{F}$$

すなわち，

$$m\frac{\mathrm{d}\boldsymbol{v}}{\mathrm{d}t}=\boldsymbol{F}-\frac{\mathrm{d}m}{\mathrm{d}t}\boldsymbol{u} \tag{3.17}$$

が成り立つ．

3.2 質点系の角運動量と運動エネルギー* 9

(1) 原点の周りの角運動量

一般に，原点Oから点Pに向かう位置ベクトル $\boldsymbol{r}$ とベクトル量 $\boldsymbol{A}$ のベクトル積 $\boldsymbol{r}\times\boldsymbol{A}$ を，$\boldsymbol{A}$ の原点の周りの**モーメント**(または能率)という．そこで，原点Oの周りを質量 m の質点に力 $\boldsymbol{F}$ が働いて速度 $\boldsymbol{v}$ で動いている場合を考える．原点Oから質点の位置ベクトル $\boldsymbol{r}$ と運動量 $\boldsymbol{p}(=m\boldsymbol{v})$ のベクトル積

$$\boldsymbol{L}\equiv\boldsymbol{r}\times\boldsymbol{p}=\boldsymbol{r}\times m\boldsymbol{v} \tag{3.18}$$

で定義される運動量のモーメント $\boldsymbol{L}$ を，原点Oに関する質点の**角運動量**という(図3.5)．角運動量は，物体がある点の周りを回転するときの勢いに関係している量である．ベクトル $\boldsymbol{L}$ は $\boldsymbol{r}$ と $m\boldsymbol{v}$ の両方に垂直で，右手の法則により $\boldsymbol{r}$ から $m\boldsymbol{v}$ の向きにねじをまわしたときのねじの進む方向を向く．また，$\boldsymbol{r}$ と $m\boldsymbol{v}$ のなす角を θ とすると，角運動量 $\boldsymbol{L}$ の大きさは $L=mvr\sin\theta$ である．

いま，上式(3.18)を時間 t で微分して $\boldsymbol{L}$ の時間的変化の割合を求めると，ベクトル積の微分は1.5節(1)項の公式を用いることにより，

$$\frac{\mathrm{d}\boldsymbol{L}}{\mathrm{d}t}=\frac{\mathrm{d}\boldsymbol{r}}{\mathrm{d}t}\times m\boldsymbol{v}+\boldsymbol{r}\times m\frac{\mathrm{d}\boldsymbol{v}}{\mathrm{d}t} \tag{3.19}$$

となる．ここで，式(3.19)の右辺の第1項で $\mathrm{d}\boldsymbol{r}/\mathrm{d}t=\boldsymbol{v}$，$\boldsymbol{v}\times m\boldsymbol{v}=0$ であるから，その項は0となる．右辺の第2項では $m(\mathrm{d}\boldsymbol{v}/\mathrm{d}t)=\boldsymbol{F}$ であるから，上式(3.19)は，

$$\frac{\mathrm{d}\boldsymbol{L}}{\mathrm{d}t}=\frac{\mathrm{d}(\boldsymbol{r}\times\boldsymbol{p})}{\mathrm{d}t}=\boldsymbol{r}\times\boldsymbol{F} \tag{3.20}$$

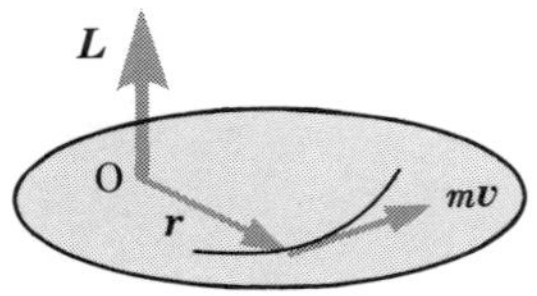

図3.5 角運動量 $\boldsymbol{L}(=\boldsymbol{r}\times m\boldsymbol{v})$

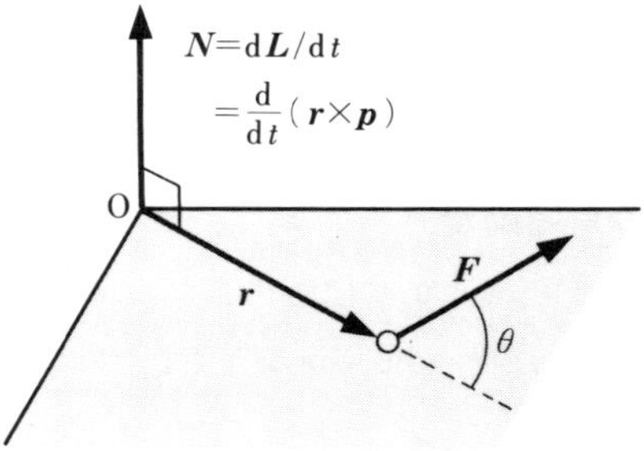

図 3.6 力のモーメント
$\boldsymbol{N} = \boldsymbol{r} \times \boldsymbol{F}$

となる(図 3.6)．そこでの上式の右辺の $\boldsymbol{r} \times \boldsymbol{F}$ を $\boldsymbol{N}$ であらわして原点に関する**力のモーメント**とよぶ．

そこで式(3.20)の意味は，角運動量の時間的変化の割合は，質点に働く力のモーメントに等しい，である．

外力 $\boldsymbol{F}$ が 0 のときや中心力(質点に働く力が常に定点 O に向かっている力)のときは，$\boldsymbol{N} = \boldsymbol{r} \times \boldsymbol{F} = 0$ となるから，

$$\frac{d\boldsymbol{L}}{dt} = 0 \quad \text{すなわち} \quad \boldsymbol{L} = \text{一定} \tag{3.21}$$

となるので，質点の角運動量は保存される．これを**角運動量保存の法則**という．なお，この法則は，剛体では興味深い現象として身近にも観察される(4.2 節)．

(2) 2つの質点からなる系の角運動量と運動エネルギー

2 個の質点系の角運動量について調べる(図 3.7)．質点 1，2 の位置ベクトルを $\boldsymbol{r}_1$，$\boldsymbol{r}_2$，速度を $\boldsymbol{v}_1$，$\boldsymbol{v}_2$ とすると，それぞれの角運動量 $\boldsymbol{L}_1$，$\boldsymbol{L}_2$ は

$$\boldsymbol{L}_1 = \boldsymbol{r}_1 \times m\boldsymbol{v}_1, \quad \boldsymbol{L}_2 = \boldsymbol{r}_2 \times m\boldsymbol{v}_2 \tag{3.22}$$

となる．また，質点 1 に外力 $\boldsymbol{F}_1$ と内力 $\boldsymbol{F}_{21}$，質点 2 に $\boldsymbol{F}_2$，$\boldsymbol{F}_{12}$ が働いているから，

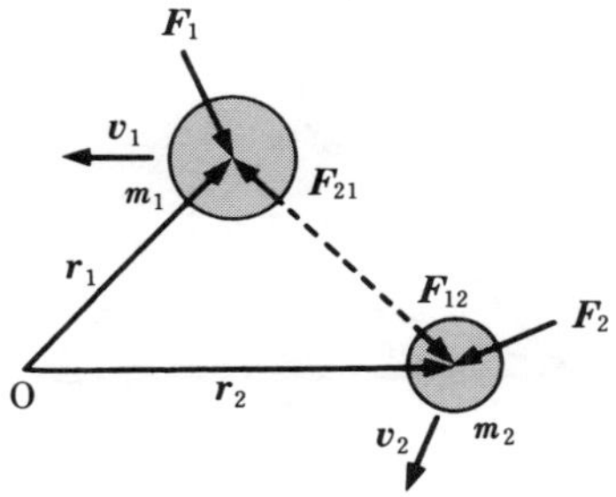

図 3.7　2 つの球の速度

$$\frac{\mathrm{d}\boldsymbol{L}_1}{\mathrm{d}t}=\boldsymbol{r}_1\times(\boldsymbol{F}_1+\boldsymbol{F}_{21}),\quad \frac{\mathrm{d}\boldsymbol{L}_2}{\mathrm{d}t}=\boldsymbol{r}_2\times(\boldsymbol{F}_2+\boldsymbol{F}_{12}) \tag{3.23}$$

となる．$\boldsymbol{F}_{12}=-\boldsymbol{F}_{21}$，$(\boldsymbol{r}_2-\boldsymbol{r}_1)\times\boldsymbol{F}_{12}=0$ であることから，2 つの質点全体の角運動量の変化率 $\mathrm{d}\boldsymbol{L}/\mathrm{d}t\,(=\mathrm{d}\boldsymbol{L}_1/\mathrm{d}t+\mathrm{d}\boldsymbol{L}_2/\mathrm{d}t)$ は

$$\frac{\mathrm{d}\boldsymbol{L}}{\mathrm{d}t}=\boldsymbol{r}_1\times\boldsymbol{F}_1+\boldsymbol{r}_2\times\boldsymbol{F}_2 \tag{3.24}$$

となる．すなわち，2 つの質点からなる系の角運動量 $\boldsymbol{L}$ の時間変化の割合は外力のモーメントの和に等しい，といえる．

次に，運動エネルギーについては，

$$K=\frac{1}{2}m_1v_1^2+\frac{1}{2}m_2v_2^2 \tag{3.25}$$

であり，これを変形すると，

$$K=\frac{1}{2}M\boldsymbol{v}_{\mathrm{G}}^2+\frac{1}{2}m_1\boldsymbol{v}_1'^2+\frac{1}{2}m_2\boldsymbol{v}_2'^2 \tag{3.26}$$

となる．ここで，$\boldsymbol{v}_{\mathrm{G}}$ は重心の速度で，$\boldsymbol{v}_1'$ と $\boldsymbol{v}_2'$ は重心からみた m_1 と m_2 の速度であり，

$$\boldsymbol{v}_1=\boldsymbol{v}_{\mathrm{G}}+\boldsymbol{v}_1',\quad \boldsymbol{v}_2=\boldsymbol{v}_{\mathrm{G}}+\boldsymbol{v}_2'$$

である．一方，相対速度

$$\boldsymbol{v}=\frac{\mathrm{d}}{\mathrm{d}t}(\boldsymbol{r}_1-\boldsymbol{r}_2)=\frac{\mathrm{d}\boldsymbol{r}}{\mathrm{d}t}$$

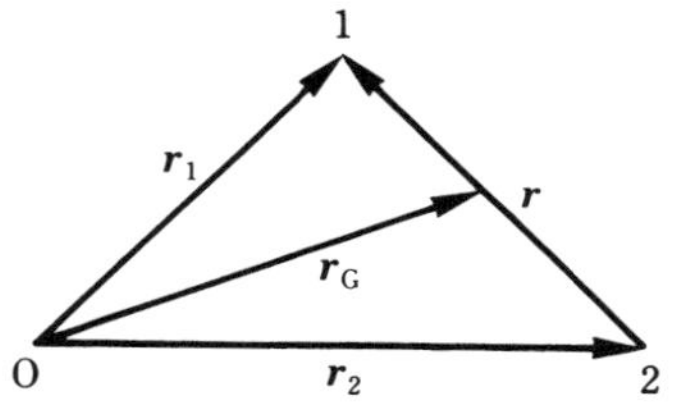

図 3.8 重心 $\boldsymbol{r}_G$

を用いると(図 3.8),

$$\boldsymbol{v}_1' = \frac{m_2\boldsymbol{v}}{m_1+m_2}, \quad \boldsymbol{v}_2' = -\frac{m_1\boldsymbol{v}}{m_1+m_2}$$

となることから,

$$K = \frac{1}{2}Mv_G^2 + \frac{1}{2}mv^2 \tag{3.27}$$

となり,2つの質点系においては,全質量 M の速さ v_G と換算質量 $m\,[=m_1m_2/(m_1+m_2)]$ の速さ v とで表すこともできる.

(3) 多数の質点からなる系

多数の質点からなる系においても,2つの質点からなる系で成り立った式と同様な式が成り立つ.重要なものは,①重心の運動方程式,②角運動量,③運動エネルギーである.座標の原点をOとし,重心の位置ベクトルを $\boldsymbol{r}_G$,質点iの質量を m_i,位置ベクトルを $\boldsymbol{r}_i$,重心Gに相対的な位置ベクトルを $\boldsymbol{r}_i'$ とすると(図 3.9),

$$\boldsymbol{r}_i = \boldsymbol{r}_G + \boldsymbol{r}_i' \tag{3.28}$$

となり,重心から見た質点iの相対的な速度を $\boldsymbol{v}_i'$ とすると(図 3.10),

$$\boldsymbol{v}_i = \boldsymbol{v}_G + \boldsymbol{v}_i' \tag{3.29}$$

となる.そこで,質点iから質点jへの内力を $\boldsymbol{F}_{ij}$ とすると,各質点についての運動方程式は

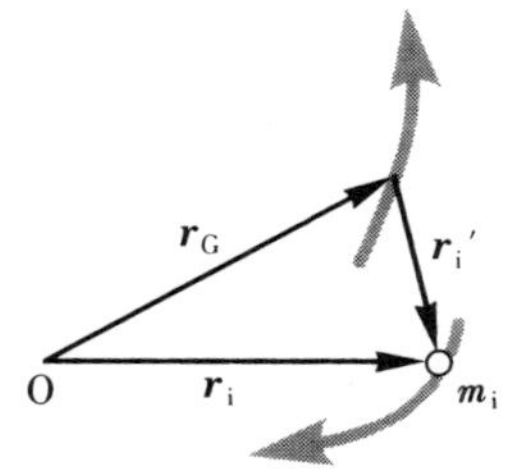

図 3.9　質点 i の位置ベクトル $\boldsymbol{r}_i$ と重心に相対的な位置ベクトル $\boldsymbol{r}_i'$

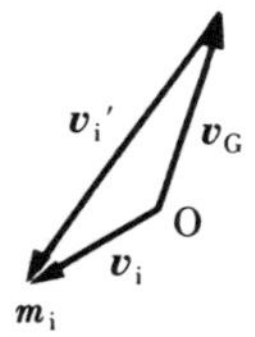

図 3.10　重心から見た相対的な速度 $\boldsymbol{v}_i'$

$$m_i \frac{d^2 \boldsymbol{r}_i}{dt^2} = \boldsymbol{F}_i + \sum_{j=1}^{n} \boldsymbol{F}_{ji}$$

となるので，これらを加算することで，①重心の運動方程式は

$$M \frac{d^2 \boldsymbol{r}_G}{dt^2} = \boldsymbol{F}_1 + \boldsymbol{F}_2 + \cdots + \boldsymbol{F}_n = \sum_{i=1}^{n} \boldsymbol{F}_i \tag{3.30}$$

となる．ただし

$$\boldsymbol{r}_G = \frac{\sum_{i=1}^{n} m_i r_i}{\sum_{i=1}^{n} m_i} = \frac{\sum_{i=1}^{n} m_i \boldsymbol{r}_i}{M} \tag{3.31}$$

であり，$\sum_{i \neq j} \boldsymbol{F}_{ij} = 0$ を用いた．そこで，2 つの質点系の場合と同様に，力 $\sum_{i=1}^{n} \boldsymbol{F}_i$ が 0 の場合は，質点系の重心は静止したままか等速運動を続ける．

②角運動量 $\boldsymbol{L}$ については，$\boldsymbol{F}_{ik} = -\boldsymbol{F}_{ki}$，$(\boldsymbol{r}_i - \boldsymbol{r}_k) \times \boldsymbol{F}_{ik} = 0$ であることから，

$$\frac{d\boldsymbol{L}}{dt} = \sum_{i=1}^{n} \boldsymbol{r}_i \times \boldsymbol{F}_i \tag{3.32}$$

が成り立つ．

③運動エネルギー K については，$\sum_{i=1}^{n} m_i \boldsymbol{v}_G \cdot \boldsymbol{v}_i' = 0$，$\sum_{i=1}^{n} m_i = M$ を考慮して，

$$K = \frac{1}{2}\sum_{i=1}^{n} m_i (\boldsymbol{v}_i)^2 = \frac{1}{2}\sum_{i=1}^{n} m_i (\boldsymbol{v}_G + \boldsymbol{v}_i')^2$$

$$= \frac{1}{2}\sum_{i=1}^{n} m_i v_G^2 + \sum_{i=1}^{n} m_i \boldsymbol{v}_G \cdot \boldsymbol{v}_i' + \frac{1}{2}\sum_{i=1}^{n} m_i (v_i')^2$$

$$= \frac{1}{2} M v_G^2 + \frac{1}{2}\sum_{i=1}^{n} m_i (v_i')^2 \qquad (3.33)$$

と表される．式(3.33)の意味は，質点系の運動エネルギーは重心に全質量 M が集まったときの運動エネルギーと，重心に対して相対運動する運動エネルギーの和に等しい，といえる．

問題 3.3 多数の質点系のエネルギーの計算で，$\sum_{i=1}^{n} m_i \boldsymbol{v}_G \cdot \boldsymbol{v}_i' = 0$ を用いたが，これを証明せよ．（ヒント：$\sum_{i=1}^{n} m_i r_i' = 0$ を導き，これを利用する．）

第3章の問題

Q 3.1 滑らかな水平台上の質量 M，長さ l の板の一端の上に立っていた質量 m の人が板の他の端まで歩くと，板はどれだけ動くか．

Q 3.2 質量が 1.3 t の大砲から，72 kg の砲弾が 55 m/s の速度で水平方向に発射されたとする．大砲は地面に固定されてなく，車で自由に後退できるとし，砲弾の地球に対する速度，大砲の後退する速度を求めよ．

Q 3.3 燃料も含めた質量 M のロケットが静止している．いま，質量 Δm の燃料を

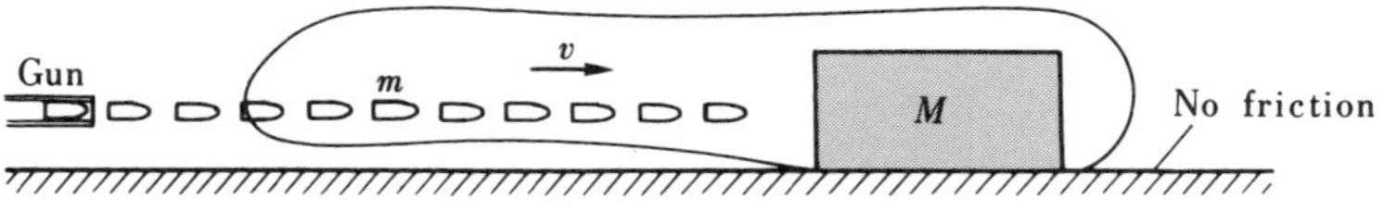

Fig. 3.11 弾丸により生じる速度

速さ v で噴射し，この反動でロケットは動きだした．このときのロケットの速さ v はどれくらいか．

Q 3.4 A stream of bullets whose mass m is 3.8 g is fired horizontally with a speed v of 1100 m/s into a large wooden block of mass M (=12kg) that is initially at rest on a horizontal table ; see Fig. 3.11. If the blocks is free to slide without friction across the table, what speed will it acquire after it has absorbed 8 bullets ?

第4章
剛体の力学

4.1　剛体に働く力と力のモーメント 10

力を加えても全く変形しないという理想化した物体を**剛体**(rigid body)という．剛体は質点の連続的な集まりと考えられるので，前章での質点系の数学的扱いが剛体にもほぼそのまま適用できる．そのときに重要なのは，①重心の運動方程式と②角運動量の変化に関する式である．しかし，剛体は各質点間の距離が一定，すなわち $r_{ij}=|\boldsymbol{r}_i-\boldsymbol{r}_j|=$一定という厳しい条件が全てのijの組で成り立つ質点系といえる．

3次元空間で剛体の位置を指定するには，3点の位置を指定するため9個の値を必要とする．しかし，3点の間の距離は常に一定であるので，独立な数は3個減少し，自由度は6となる．そこで，具体的に剛体の位置を解くには，独立な6個の式を必要とする．

質点と違って，剛体は一定の体積をもっているので，力が剛体のどの点に作用しているかを考える必要がある．力が剛体に作用する点を**作用点**(point of application)といい，作用点を通り力の方向と一致する直線を**作用線**(line of application)という(図4.1)．力はその作用点を作用線上のどこに移動してもよい．2つの力が働く場合，作用線が互いに交わるまで2つの作用点を移し，2つの力の合力を求めればよい．しかし，大きさが等しく，逆向きで平行な2つの力が剛体に働くとき，この2つの力の合力は求めることができない．このよう

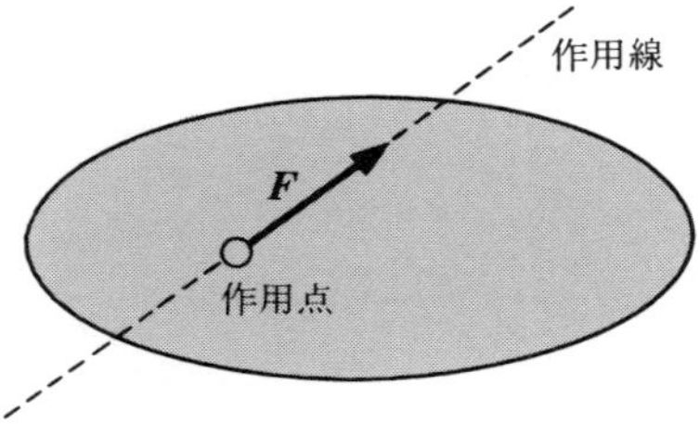

図 4.1　作用点と作用線

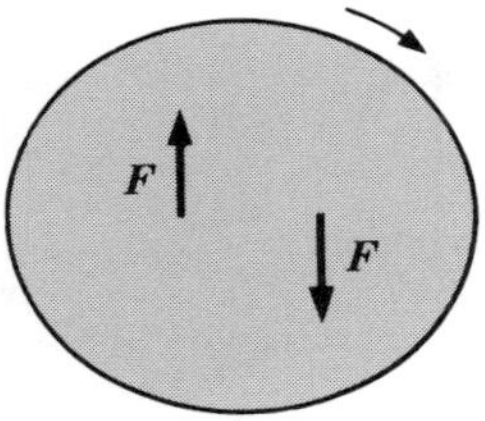

図 4.2　偶力

な一対の力を**偶力**(couple of forces)という．偶力が働くと，重心の運動には関係せずに剛体は回転する(図 4.2)．

剛体が運動するとき，質点の運動の場合と少し異なり，2 つの基本的な運動の合成と考えられる．1 つは**並進運動**(translational motion)とよばれ，剛体のあらゆる点が同方向に同じ距離だけ移動する，いわば，全体が平行移動するものである．もう 1 つは**回転運動**(rotational motion)とよばれ，剛体のあらゆる点が 1 つの直線の周りに円運動を行うものである．

(1)　力のモーメント

剛体の運動は，適当に選んだ代表点 O の並進運動と，O の周りの回転運動で表される．その代表点として重心 G を選べば，3.1 節の重心の運動方程式が使える．また，剛体内の点に力 F が作用し，点 O の周りを回転するとき(図 4.3)，回転させる能力 N は力の大きさ F だけではなく，O から作用線上に下ろした垂線の長さ l にも関係し，N の大きさは

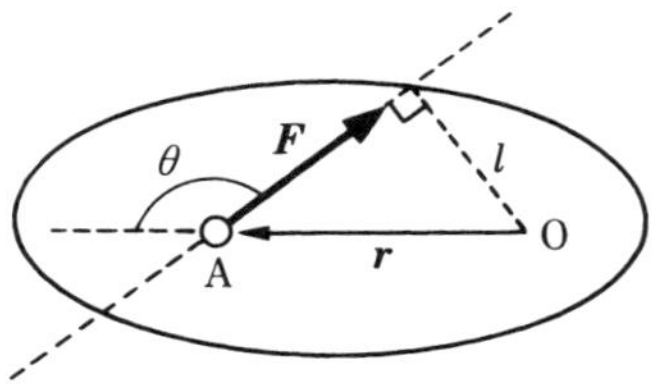

図4.3 力 $\boldsymbol{F}$ による回転

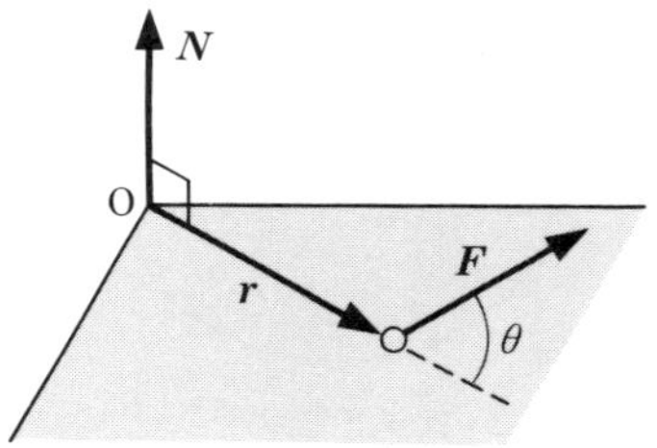

図4.4 力 $\boldsymbol{F}$ によるモーメント $\boldsymbol{N}(=\boldsymbol{r}\times\boldsymbol{F})$

$$N=Fl=Fr\sin\theta \tag{4.1}$$

と表される．これをOの周りの**力のモーメント**(moment of force)(または**トルク**(torque))という．この力のモーメントをベクトル量 $\boldsymbol{N}$ で表すには，加える力を $\boldsymbol{F}$，点Oから作用点までの位置ベクトルを $\boldsymbol{r}$ として(図4.4)

$$\boldsymbol{N}=\boldsymbol{r}\times\boldsymbol{F} \tag{4.2}$$

となる．

問題 4.1 平板状の剛体がありその重心を固定して，図4.5の6通りの力 F を別々に加えたとする．このときそれぞれの場合の力のモーメント(トルク)の大きさはいくつになるか．また，向きはどの向きか．なお，作用点までの距離は，0，a，$2a$ である．

(2) 重　心

重心の位置については，3.1節の質点系の式(4.1)において，r の位置での質点の質量 m_i に代えて体積要素 $\mathrm{d}V$ を用い積分形にすると，

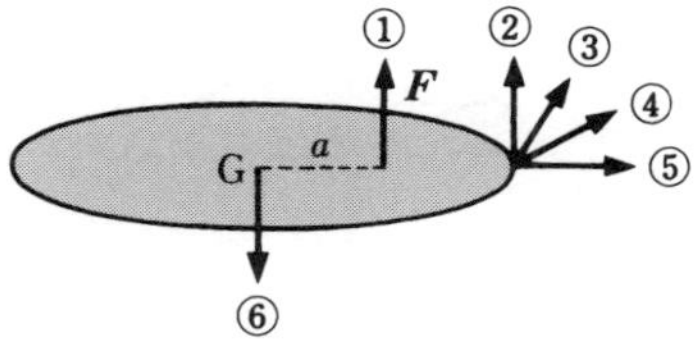

図 4.5　剛体に働く力 $\boldsymbol{F}$

$$\boldsymbol{r}_G=\frac{\sum_{i=1}^{n}m_i\boldsymbol{r}_i}{\sum_{i=1}^{n}m_i}=\frac{\int\rho\,\mathrm{d}V\boldsymbol{r}}{\int\rho\,\mathrm{d}V}=\frac{\int\rho\boldsymbol{r}\,\mathrm{d}V}{M} \tag{4.3}$$

とかける．ここで，密度を ρ とした．もし，密度が一様な剛体なら，

$$\boldsymbol{r}_G=\frac{\int\mathrm{d}V\boldsymbol{r}}{\int\mathrm{d}V}=\frac{\int\boldsymbol{r}\,\mathrm{d}V}{V} \tag{4.4}$$

となる．直角座標系の各成分で表現すると，

$$r_{Gx}=\frac{\int x\,\mathrm{d}x\mathrm{d}y\mathrm{d}z}{V},\quad r_{Gy}=\frac{\int y\,\mathrm{d}x\mathrm{d}y\mathrm{d}z}{V},\quad r_{Gz}=\frac{\int z\,\mathrm{d}x\mathrm{d}y\mathrm{d}z}{V}$$

となる．

次に，剛体に働く重力の合力の作用点を求めてみる．剛体を微小質点に分け，i 番目の質点を m_i，位置ベクトルを $\boldsymbol{r}_i$ とし，鉛直下方を向く単位ベクトルを $\boldsymbol{k}$ とする．個々の質点に働く重力は $m_ig\boldsymbol{k}$ となり，またそれらは互いに平行である．一方，重力の合力は $Mg\boldsymbol{k}(=\sum m_ig\boldsymbol{k})$ であり，合力の作用点の位置ベクトルを $\boldsymbol{r}_H$ とする．この両者の定点 O の周りのモーメント，すなわち各質点のモーメントの総和と合力のモーメントは，当然等しくなければならない．そこで，

$$\boldsymbol{r}_H\times Mg\boldsymbol{k}=\sum_{i=1}^{n}(\boldsymbol{r}_i\times m_ig\boldsymbol{k})$$

とならねばならない．これより $\boldsymbol{r}_H$ は

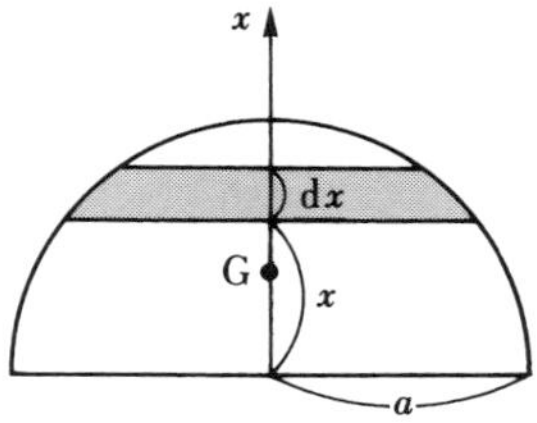

図 4.6 半球の質量中心

$$\boldsymbol{r}_{\mathrm{H}}=\frac{1}{M}\sum_{\mathrm{i}=1}^{\mathrm{n}}m_{\mathrm{i}}\boldsymbol{r}_{\mathrm{i}}=\boldsymbol{r}_{\mathrm{G}}$$

となる．したがって，合力の作用点の位置ベクトル $\boldsymbol{r}_{\mathrm{H}}$ は，重心の位置ベクトル $\boldsymbol{r}_{\mathrm{G}}$ に一致する．そこで，剛体の質量中心は重力の合力の作用点である．

例題 4.1 半径 a の一様な半球の質量中心を求めよ．

解 対称性から，質量中心 G は球の中心 O から底面に垂直な半径上にある．O から x の距離にある底面に平行な平面で切った円の半径は $\sqrt{a^2-x^2}$ であるので，厚さ $\mathrm{d}x$ の部分の体積は(図 4.6)，

$$\mathrm{d}V=\pi(a^2-x^2)\,\mathrm{d}x$$

である．式(4.4)に代入すると

$$x_{\mathrm{G}}=\frac{\int x\,\mathrm{d}V}{V}=\frac{\int_0^{\mathrm{a}}x\cdot\pi(a^2-x^2)\,\mathrm{d}x}{\int_0^{\mathrm{a}}\pi(a^2-x^2)\,\mathrm{d}x}=\frac{\pi a^4/4}{2\pi a^3/3}=\frac{3}{8}a$$

が得られる．

4.2 固定軸の周りの剛体の運動

(1) 回転の運動方程式

剛体に仮想の固定軸を取付けて空間に固定し，この軸の周りに回転させる(図 4.7)．その場合，剛体の各質点はその軸の周りに回転ができて，その動径の角速度 ω は各質点で同一であるから，この剛体の運動は角速度 ω だけで表される．

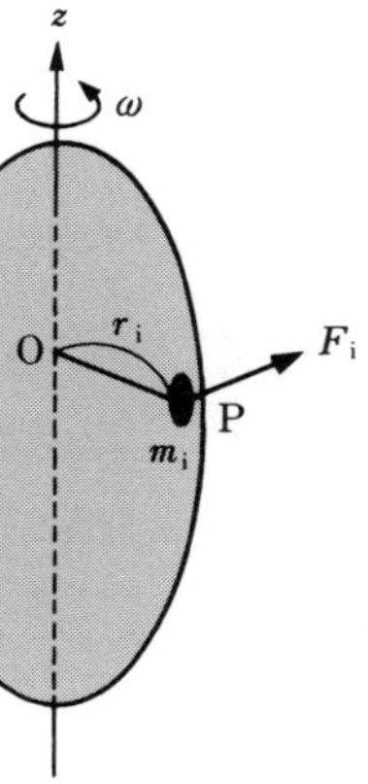

図 4.7 回転する剛体

そのために，この運動は一次元的で自由度は 1 であり，スカラー量で示される回転に関する式が導出される．剛体の各質点は軸に垂直な方向に運動するので，固定軸を z 軸とする．剛体の点 P にある質量 m_i の微小部分を考え，点 P から z 軸へおろした垂線の z 軸との交点を O，垂線の長さを r_i とする．この点 P に対して，$\overline{\mathrm{OP}}$ に垂直な方向に力 F_i が働くとすると，$v_i = r_i\omega$ の関係を用いて，運動方程式 $m_i(\mathrm{d}v_i/\mathrm{d}t) = F_i$ を変形して，

$$m_i \frac{\mathrm{d}r_i\omega}{\mathrm{d}t} = F_i \tag{4.5}$$

となる．上式の両辺に r_i をかけ，剛体の全質点について加えると，

$$\sum_{i=1}^{n} m_i r_i^2 \frac{\mathrm{d}\omega}{\mathrm{d}t} = \sum_{i=1}^{n} r_i F_i \tag{4.6}$$

となる．上式の右辺の r_iF_i は力 F_i のモーメントであり，$\sum_{i=1}^{n} r_iF_i$ は力のモーメントの総和 N である．また，$\mathrm{d}\omega/\mathrm{d}t$ は回転の角加速度である．ここで

$$I = \sum_{i=1}^{n} m_i r_i^2 \tag{4.7}$$

とおくと，

$$I\frac{\mathrm{d}\omega}{\mathrm{d}t}=N \tag{4.8}$$

となる．また，$\omega=\mathrm{d}\theta/\mathrm{d}t$ を用いると，

$$I\frac{\mathrm{d}^2\theta}{\mathrm{d}t^2}=N \tag{4.9}$$

と書ける．これを**回転の運動方程式**という．N の大きさが同一であるなら，I が大きいほど $\mathrm{d}\omega/\mathrm{d}t$ は小さくなるので，I は回転のしにくさを表す量であるといえる．この I をその軸に関する剛体の**慣性モーメント**(moment of inertia)といい，剛体の形や固定軸のとり方によって決まる定数である．

力のモーメントと角速度をベクトルで表現し，それぞれ $\boldsymbol{N}$ と $\boldsymbol{\omega}$ とすると，上記の運動方程式(4.8)は，

$$I\frac{\mathrm{d}\boldsymbol{\omega}}{\mathrm{d}t}=\boldsymbol{N} \tag{4.10}$$

と書ける．ここで，ベクトルである $\boldsymbol{\omega}$ と $\boldsymbol{v}$ との関係は

$$\boldsymbol{v}=\boldsymbol{\omega}\times\boldsymbol{r} \tag{4.11}$$

である(図4.8)．

(2)　角運動量

3.2節で定義した**角運動量**(angular momentum)$\boldsymbol{L}$ は，慣性モーメント I を用いて表現するときに，式(4.11)とベクトルの公式 $\boldsymbol{A}\times(\boldsymbol{B}\times\boldsymbol{C})=\boldsymbol{B}(\boldsymbol{C}\cdot\boldsymbol{A})-\boldsymbol{C}(\boldsymbol{A}\cdot\boldsymbol{B})$ を用い，$\boldsymbol{\omega}\cdot\boldsymbol{r}_\mathrm{i}=0$ を考慮して，

$$\boldsymbol{L}=\sum_{\mathrm{i}=1}^{\mathrm{n}}\boldsymbol{r}_\mathrm{i}\times m_\mathrm{i}\boldsymbol{v}_\mathrm{i}=\sum_{\mathrm{i}=1}^{\mathrm{n}}m_\mathrm{i}\{\boldsymbol{\omega}(\boldsymbol{r}_\mathrm{i}\cdot\boldsymbol{r}_\mathrm{i})-\boldsymbol{r}_\mathrm{i}(\boldsymbol{\omega}\cdot\boldsymbol{r}_\mathrm{i})\}=\sum_{\mathrm{i}=1}^{\mathrm{n}}m_\mathrm{i}r_\mathrm{i}^2\boldsymbol{\omega}=I\boldsymbol{\omega} \tag{4.12}$$

$$\therefore\quad \boldsymbol{L}=I\boldsymbol{\omega} \tag{4.13}$$

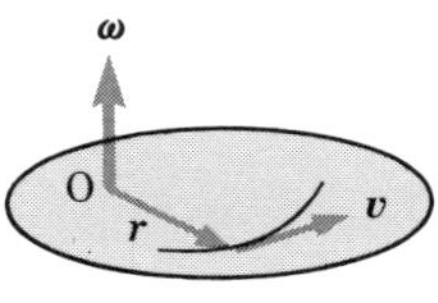

図4.8　角速度 $\boldsymbol{\omega}$

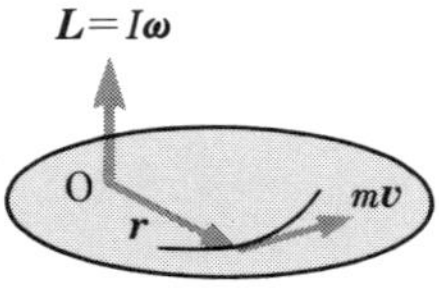

図4.9　角運動量 $\boldsymbol{L}$

となる(図 4.9).

また，$\boldsymbol{L}$ を用いると，3.2 節で扱ったように，運動方程式(4.10)は

$$\frac{d\boldsymbol{L}}{dt}=\boldsymbol{N} \tag{4.14}$$

と表現できる.

次に，外力が働かないとき，$\boldsymbol{N}=0$ であるので，固定軸に関する剛体の角運動量 $I\boldsymbol{\omega}$ は一定に保たれる．その例をいくつかあげる.

①　ゆっくり回転していた星が(ω)，あるとき急に収縮して半径が小さくなれば，回転は速くなる(ω')．すなわち，$I\omega=I'\omega'$ を保とうとし，$I>I'$ なら $\omega<\omega'$ となる.

②　人工衛星の向きを一定に保つために，中心軸の周りに自転させている．これによって，小さなトルクによる姿勢の変化を防止している．フリスビーも同じ原理である.

③　ぶらんこをこぐとき，重力によるモーメントを利用している．一番ふれた(最大振幅の)時にしゃがみ，最下点で立って慣性モーメント I を小さくして角速度 ω を増加させている(図 4.10).

④　ジェット機のエンジンは，緊急時に主翼からはずれやすく簡単に固定してある．これはエンジンの回転翼は正常時には大きな角運動量をもっているが，突然停止した場合，角運動量を保存しようと機体が不安定になるので，これを回避するため，切り離しやすくしている.

⑤　アインシュタイン-ドハース効果(1915)：これは電磁気学で述べる磁化が

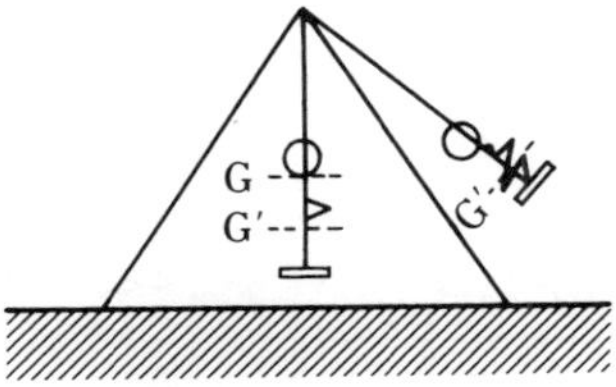

図 4.10　ブランコ

関与するもので，磁化は角運動量を伴っていることによる極めて特殊な現象である．まず，磁性体を鉛直方向に糸で吊るしておき，磁場を上から下にかけておく．静止している状態で，磁場の向きを上方へと逆転させると，下向きの角運動量を保とうとして，磁性体は回転する．

(3) 運動エネルギー 11

剛体の回転運動のエネルギーを求めてみる．固定軸(z 軸)から距離 r_i にある質量 m_i の微小部分について考えると，その速さを v_i とすると $v_i = r_i\omega$ で与えられるから，この微小部分の運動エネルギーは $m_i v_i^2/2 = m_i(r_i\omega)^2/2$ となる．

そこで，剛体全体の回転運動による運動エネルギー K は

$$K = \sum_{i=1}^{n} \frac{1}{2} m_i (r_i\omega)^2 = \frac{\omega^2}{2} \sum_{i=1}^{n} m_i r_i^2$$

$$\therefore \quad K = \frac{1}{2} I_z \omega^2 \tag{4.15}$$

となる．I_z は固定軸とした z 軸の周りの慣性モーメントである．

さて，質点の運動方程式 $m(\mathrm{d}v/\mathrm{d}t) = F$ と回転の運動方程式を比較すると，N は F に，ω は v に，I は m にそれぞれ対応している．それらをまとめて，表 4.1 に示す．

表 4.1 剛体の回転運動と質点の直線運動との比較

剛体の回転運動		質点の直線運動	
慣性モーメント	I	質量	m
角度	θ	距離	x
角速度	$\omega = \mathrm{d}\theta/\mathrm{d}t$	速度	$v = \mathrm{d}x/\mathrm{d}t$
角加速度	$\alpha = \mathrm{d}\omega/\mathrm{d}t$	加速度	$a = \mathrm{d}v/\mathrm{d}t$
角運動量	$I\omega$	運動量	mv
運動エネルギー	$I\omega^2/2$	運動エネルギー	$mv^2/2$
力のモーメント	N	力	F
運動方程式	$I(\mathrm{d}^2\theta/\mathrm{d}t^2) = N$	運動方程式	$m(\mathrm{d}^2x/\mathrm{d}t^2) = F$

問題 4.2 重心を通らない固定した水平軸 O の周りに回転できる質量 M の剛体振

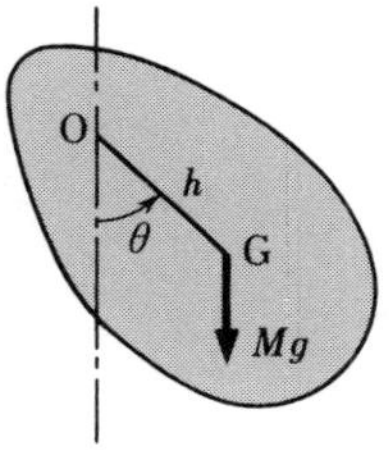

図 4.11　物理振り子

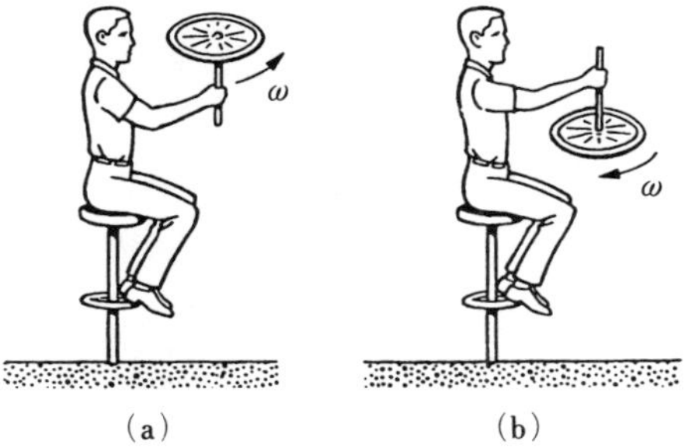

図 4.12　ホイールの回転

り子の周期 T を求めよ(図 4.11)．ただし，O の周りの慣性モーメントを I，重心と O との距離を h とする．これを**物理振り子**という．（ヒント：点 O の周りのトルクを求め，式(4.9)に代入すると，単振動と同じ微分方程式がえられる．）

問題 4.3　慣性モーメントが 1.2 kg·m^2 である自転車のスポーク(ホイール)を持った人が，自由に回転できる椅子に座って静止している(図 4.12)．一方，ホイールは固定軸を鉛直方向として，3.9 回転/秒で回っているとする．今，手首を 180° 回転させて，ホイールの角速度 ω の向きを上から下へ急に変化させたとすると，どういうことがおこるか．(人＋椅子＋ホイール)の全体の慣性モーメントは 6.8 kg·m^2 であるとする．

4.3　剛体のつりあい

剛体のつりあいを扱うような静力学は歴史的に最も古くから研究され，アルキメデス(BC 287〜212)が，てこの原理を見いだした．

剛体の**つりあい**(equilibrium)の条件は，重心が動かないことと，力のモーメントがつりあっていることから，

$$\sum_{i=1}^{n} \boldsymbol{F}_i = 0 \tag{4.16}$$

$$\sum_{i=1}^{n} (\boldsymbol{r}_i \times \boldsymbol{F}_i) = 0 \tag{4.17}$$

でなければならない．これが剛体のつりあいの必要十分条件である．

力が xy 面内にあるような2次元的な場合には，上式はそれぞれ，

$$\sum_{i=1}^{n} F_{x,i} = 0, \quad \sum_{i=1}^{n} F_{y,i} = 0 \tag{4.18}$$

$$\sum_{i=1}^{n} (\boldsymbol{r}_i \times \boldsymbol{F}_i) = \sum_{i=1}^{n} (x_i F_{y,i} - y_i F_{x,i})\,\boldsymbol{k} = 0 \tag{4.19}$$

となる．剛体は回転しているのではないので，基準点Oは慣性系に対して静止する点でありさえすればよいから，剛体内であろうと剛体外であろうと，どこにとってもよい．したがって，力のモーメントのつりあいを考えるのに最も都合のよい点を勝手に選んでよい．

例題 4.2 一様な棒(重さ W，長さ $2l$)を水平な床から鉛直な壁に立てかける(図4.13)．棒の水平となす角 θ がどんな範囲にあるときつりあうか．ただし，棒と床との間の静止摩擦係数を μ とし，棒と壁との接触は滑らかであるとする．

解 棒は重さ W，長さ $2l$ とする．棒に働く力は，棒の中点Gに重力が鉛直下向きに W，棒が床と接する点Aで床からの垂直抗力 N と静止摩擦力 F，棒が壁と接する点で壁からの垂直抗力 R である．壁との接触は滑らかであるの

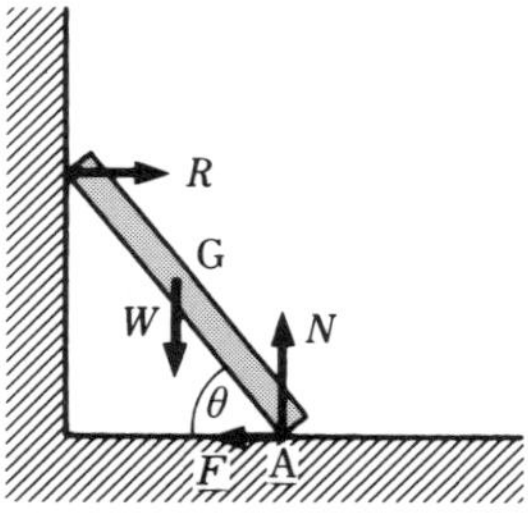

図 4.13 壁にたてかけられた棒

で摩擦力はない．2つの方向での**力のつりあい**(balance of forces)の式から，

$$\text{水平右向きに：} R-F=0$$

$$\text{鉛直上向きに：} N-W=0$$

点Aに関する**モーメントのつりあい**(balance of torques)は，式(4.17)から

$$l\cos\theta\cdot W-2l\sin\theta\cdot R=0$$

すべらないための条件は

$$F\leqq\mu N$$

である．そこで

$$\tan\theta\geqq\frac{1}{2\mu}$$

を得る．

4.4 慣性モーメント

剛体を限りなく細かく分割し，微小部分の連続的な集合体とみなす．さらに，質点系の力学における各質点 m_i についての和を，微小部分の質量 $\mathrm{d}m$ についての積分に置き換えると，慣性モーメントの式は

$$I=\sum_{i=1}^{n}m_i r_i^2=\int r^2\,\mathrm{d}m=\int r^2\rho\,\mathrm{d}V \tag{4.20}$$

と積分形で得られる．ただし，$\mathrm{d}V$ は微小部分の体積であり，ρ はその密度である．

(1) 慣性モーメントに関する定理

I を求めるとき，ある特定の軸のまわりの慣性モーメントが分っている場合には，つぎの定理を用いると便利である．

(a) 平行軸の定理

任意の軸の周りの慣性モーメントを I とし，剛体の重心Gを通りその軸に平行な軸の周りの慣性モーメントを I_G とし，両軸間の距離を h，剛体の質量を M とすれば(図4.14)，I と I_G の間には

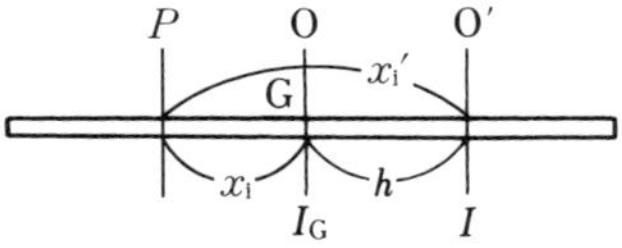

図 4.14 平行軸の定理

$$I = I_G + Mh^2 \qquad (4.21)$$

の関係がある.

例題 4.3 平行軸の定理を証明しなさい.

解 棒の重心 G から h 離れた点 A を通る軸 O の周りの慣性モーメントを I とする. G, A からの任意の点 P までの距離を, それぞれ x_i, x_i' とすると, $x_i' = x_i + h$ であるから, I の式は

$$I = \sum_{i=1}^{n} m_i (x_i')^2 = \sum_{i=1}^{n} m_i (x_i + h)^2$$
$$= \sum_{i=1}^{n} m_i x_i^2 + 2h \sum_{i=1}^{n} m_i x_i + h^2 \sum_{i=1}^{n} m_i$$

となる. 右辺第1項は I_G, 第3項では $\sum_{i=1}^{n} m_i = M$ である. 第2項の $\sum_{i=1}^{n} m_i x_i$ は重心を表す式に定数 M をかけた式であるが, 重心を O にとってあるので 0 になる. したがって, $I = I_G + Mh^2$ となる.

(b) 薄板の直交軸の定理

薄い板状の1点を通り, 面に沿った互いに垂直な x 軸と y 軸の周りの慣性モーメントを I_x, I_y とし, その剛体の点を通って, 面に垂直な z 軸の周りの慣性モーメントを I_z とすると(図 4.15)

$$I_z = I_x + I_y \qquad (4.22)$$

の関係がある.

問題 4.4 薄板の直交軸の定理を証明しなさい. (ヒント: I を定義そのものの $m_i r_i^2$ の形で表し, 3平方の定理の応用を考える.)

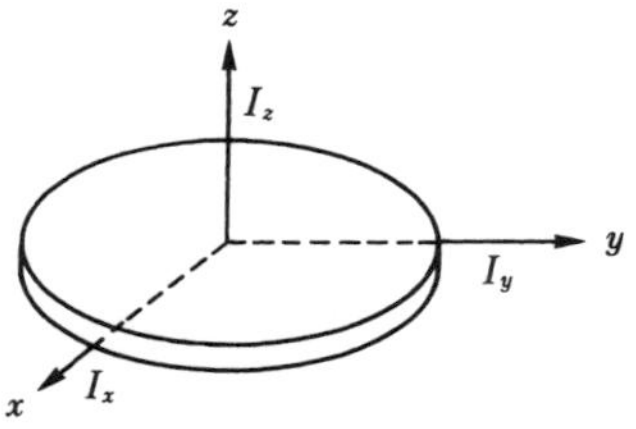

図 4.15 直交軸の定理

(2) 単純な形状の物体の重心の周りの慣性モーメント

簡単な形状の物体の重心の周りの慣性モーメントは，公式(4.7)から求まり，しばしば使うので表 4.2 にまとめておく．質量は M とする．

表 4.2 単純な形状の物体の慣性モーメント

長さ l の棒で垂直な軸	$Ml^2/12$
半径 a の円板で円板に垂直な軸	$Ma^2/2$
半径 a の球で中心を通る軸	$M(2/5)a^2$
半径 a の円環で円環に垂直な軸	Ma^2

問題 4.5 質量 M，長さ l の密度が一様である細い棒の重心 G を通り，棒に垂直な軸の周りの慣性モーメント I_G，棒の端 A を通り棒に垂直な軸の周りのモーメント I_A を求めよ(図 4.16)．(ヒント：1 次元の物体として扱い，I_G は $\int x^2\,dm$ の積分を行う．ただし，dmを x で表現するとどうなるか．)

問題 4.6 質量 M，半径 a の一様な薄い円板の中心 O を通り，円板に垂直な軸の周りの慣性モーメント I を求めよ．(ヒント：円板を幅 dr の同心円の円環に分けて考

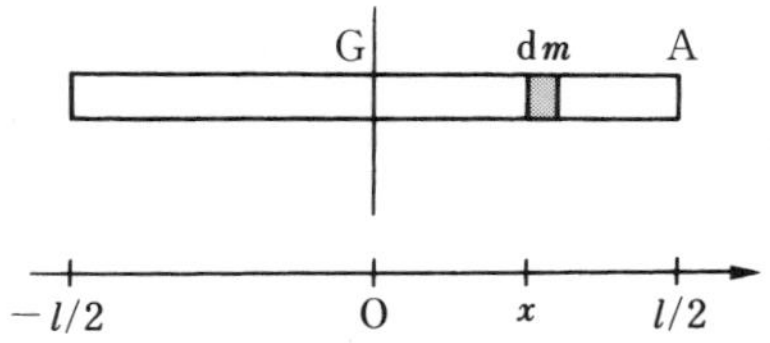

図 4.16 棒の慣性モーメント

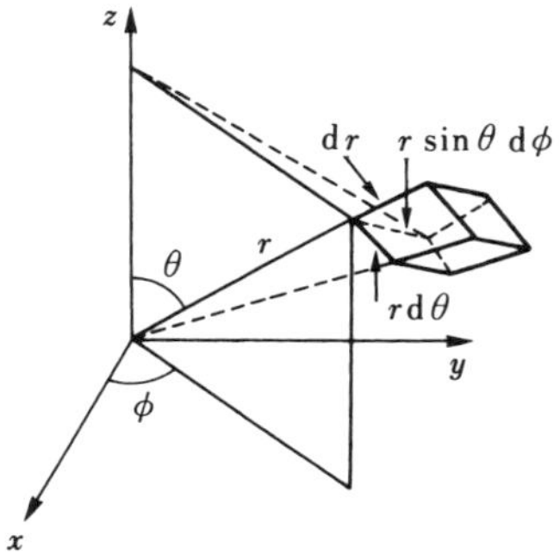

図 4.17 極座標による表現

えると，r のみの積分となる.)

問題 4.7 質量 M，半径 a の一様な球の重心の周りの慣性モーメントを求めよ.（ヒント：円板の結果の $I=Ma^2/2$ を利用するなら，球を重心 G から z の位置にある厚さ dz の円板の集合体と考え，r と z の積分になる．別な方法として，1.5 節(4)項の極座標$(r,\ \theta,\ \phi)$を用いる積分も可能(図 4.17).）

4.5 剛体の平面運動 12

剛体の各点がいつも定まった平面に平行に運動するとき，この運動を**平面運動**という(図 4.18)．剛体の位置は，剛体中にきめた 1 つの点 C の位置$(x,\ y)$と C を通り定平面に平行な剛体中の直線が，この平面に平行で空間に対して一定の方向をもつ直線となす角 θ によって決められる．通常，この C として剛体の重心が選ばれる．そこで重心の座標を$(x_G,\ y_G)$とすると，重心の運動方程式は質点の運動方程式と同じ形で

$$\left.\begin{aligned} M\frac{d^2x_G}{dt^2} &= \sum_{i=1}^{n} F_{ix} = F_x \\ M\frac{d^2y_G}{dt^2} &= \sum_{i=1}^{n} F_{iy} = F_y \end{aligned}\right\} \tag{4.23}$$

と書ける．M は剛体の質量であり，F_x，F_y は外力の x 成分と y 成分である．

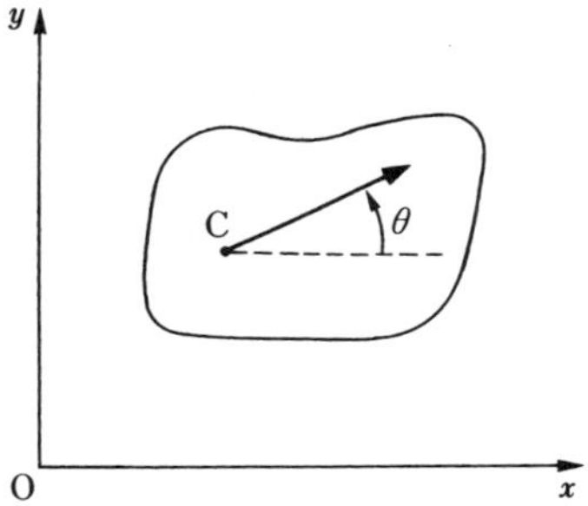

図 4.18　xy 面上での平面運動

回転軸は重心を通り xy 面に垂直な方向に限られるので，これを z 軸の方向とし，剛体のこの周りの慣性モーメントを I_G とすれば，

$$I_G\frac{d^2\theta}{dt^2}=\sum_{i=1}^{n}N_i=N \tag{4.24}$$

となる．θ は z 軸の周りの回転角である．以上 3 つの方程式(4.23)～(4.24)で剛体の平面運動は記述できる．

例題 4.4　質量 M，半径 a，重心の周りの慣性モーメント I_G である一様な円柱が，滑ることなく傾斜角 α のあらい斜面の最大傾斜線に沿って転がり落ちる．このとき，円柱の重心の加速度を求めよ．また，斜面と円柱との間の静止摩擦係数を μ とすると，円柱が滑らないためには μ と α とはどんな関係になっていなければならないか．

解　斜面に平行で下向きに x 軸，これに垂直に y 軸をとる．円柱に働く力は，重心に働く重力 Mg，斜面との接触点で働く垂直抗力 R と摩擦力 F である(図 4.19)．重力の運動方程式は

$$M\frac{d^2x_G}{dt^2}=Mg\sin\alpha-F$$

$$M\frac{d^2y_G}{dt^2}=R-Mg\cos\alpha$$

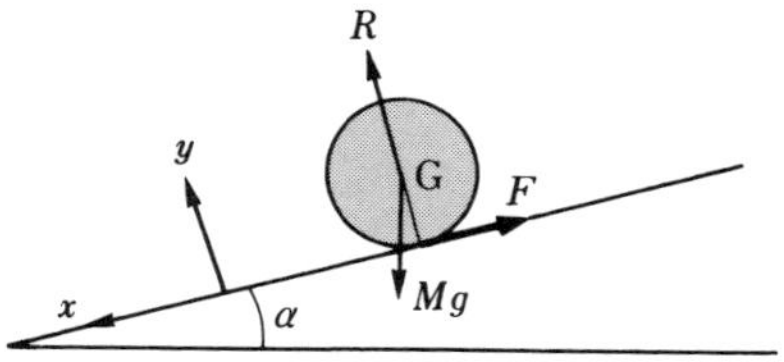

図 4.19 斜面上の円柱

となり，重心 G の周りの回転については，回転の運動方程式から

$$I_G \frac{d^2\theta}{dt^2} = aF$$

となる．重心座標 y_G は一定（$=a$）という束縛条件から，$d^2y_G/dt^2=0$ となる．したがって，

$$R = Mg\cos\alpha$$

となる．また，円柱は滑らないから，斜面に接触して回転した円周の長さ $\widehat{A'B}$ と重心の進んだ距離 $\overline{AB}$ は等しい（図 4.20）．そこで，円柱の回転角を θ とすると，$x_G = a\theta$ が成り立っている．この式を微分して，

$$\frac{d^2x_G}{dt^2} = a\frac{d^2\theta}{dt^2}$$

となるので，F と θ を消去して，

$$\frac{d^2x_G}{dt^2} = \frac{Mga^2\sin\alpha}{Ma^2+I_G}$$

を得る．円柱の重心に関する慣性モーメントは，表 4.2 から

$$I_G = \frac{1}{2}Ma^2$$

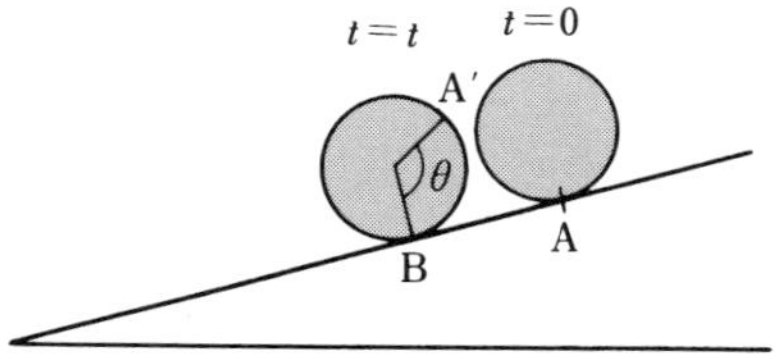

図 4.20 円柱の回転角 θ と進んだ距離 $\overline{AB}$

であるから，これを代入して

$$\frac{\mathrm{d}^2 x_G}{\mathrm{d}t^2}=\frac{2}{3}g\sin\alpha$$

となる．また，

$$F=Mg\sin\alpha-\frac{2}{3}Mg\sin\alpha=\frac{1}{3}Mg\sin\alpha$$

となる．接触点で滑らないための条件は，F が最大静止摩擦力 μR より小さくなければならない．一方，R は

$$R=Mg\cos\alpha$$

であるから，

$$\frac{1}{3}Mg\sin\alpha\leqq\mu Mg\cos\alpha$$

$$\therefore\quad \mu\geqq\frac{1}{3}\tan\alpha$$

となる．

4.6　こ　ま*

こま(top)はその中心軸に関して対称な質量分布をもった剛体である．外力が働いていない場合，中心軸に関する慣性モーメントが I で，その周りに角速度が ω で回転しているこまの角運動量 $\boldsymbol{L}$ は，

$$\boldsymbol{L}=I\boldsymbol{\omega} \tag{4.25}$$

であり，一定に保たれている．すなわち，ベクトル $I\boldsymbol{\omega}$ の回転軸の方向は空間の特定方向に保持されることになっている．

これに外力によるモーメントが加わるとする．すなわち，重力による力のモーメントがかかるとする．接地点から重心までの距離を h，鉛直軸からの傾きを θ とすると，力のモーメントの大きさは，

$$N=Mgh\sin\theta \tag{4.26}$$

である．ただし，M はこまの質量とする．ベクトル $\boldsymbol{N}$ の向きは回転軸と重力の作用線によってつくられる平面に垂直である(図 4.21)．この力のモーメント $\boldsymbol{N}$

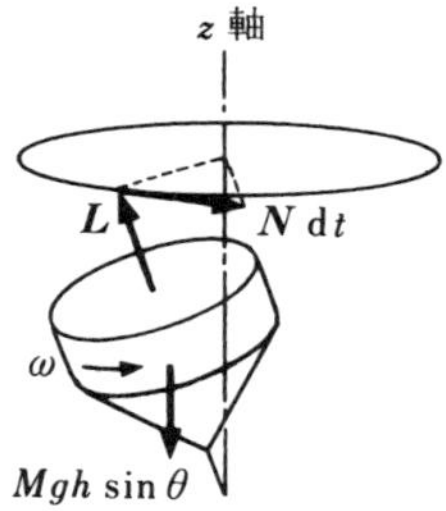

図 4.21　こま

による $I\boldsymbol{\omega}$ の変化を考える．$\boldsymbol{N}$ は $I\boldsymbol{\omega}$ に垂直であり，ベクトル $I\boldsymbol{\omega}$ の始点は固定されていることから，回転方向(時計周りの回転ならその反対)を向いている角運動量 $I\boldsymbol{\omega}$ の大きさは変わらず(すなわち，$|I\boldsymbol{\omega}|=$一定)，単にベクトル $I\boldsymbol{\omega}$ の向きだけを変化させる．式(4.14)は，

$$\frac{\mathrm{d}}{\mathrm{d}t}I\boldsymbol{\omega}=\boldsymbol{N} \qquad \therefore \quad I\,\mathrm{d}\boldsymbol{\omega}=\boldsymbol{N}\,\mathrm{d}t \tag{4.27}$$

そこで，$I\,\mathrm{d}\boldsymbol{\omega}$ の大きさを考えてみる．$\mathrm{d}t$ の間にこまの角運動量 $\boldsymbol{L}$ の向き，すなわち，ベクトル $I\boldsymbol{\omega}$ $(=\boldsymbol{L})$ の先端が z 軸からみて $\mathrm{d}\phi$ 回転したとすると(図 4.22)，

$$I\,\mathrm{d}\omega=L\sin\theta\,\mathrm{d}\phi \tag{4.28}$$

よって上式と式(4.27)から $I\,\mathrm{d}\omega$ を消去して

$$L\sin\theta\,\mathrm{d}\phi=N\,\mathrm{d}t$$

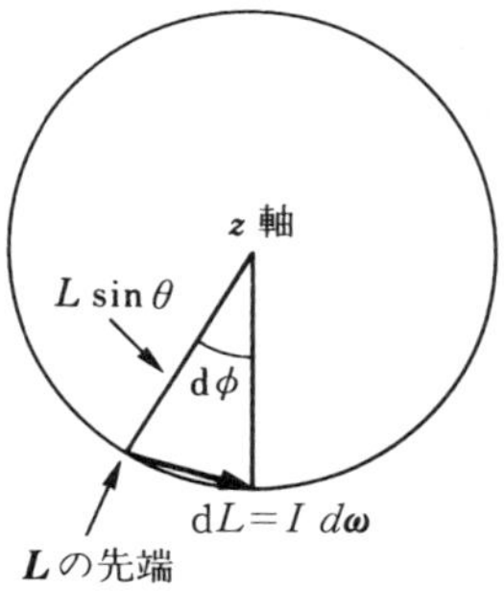

図 4.22　こまを上からみた時の角運動量ベクトル $\boldsymbol{L}$ $(=I\boldsymbol{\omega})$ の先端の回転

となる．すなわち，こまの回転軸は鉛直線の周りを

$$\omega' \equiv \frac{d\phi}{dt} = \frac{N}{L \sin\theta} = \frac{Mgh}{I\omega} \tag{4.29}$$

の角速度で回転する．このような運動を**歳差運動**(precession)という．

第 4 章の問題

Q 4.1　辺の長さ $2a$, $2b$，質量 M の長方形について，次の直線の周りの慣性モーメントを求めよ．(a) 重心を通り辺に平行な直線，(b) 長方形の一辺，(c) 重心を通り板に垂直な直線．

Q 4.2　半径 a の一様な円板(質量 M)の周囲に糸をまきつけ，糸の他端を固定し円板を鉛直にして静かに離すと，円板は回転しながら落下する(図 4.23)．このときの，円板の加速度 α と糸の張力 T を求めよ．ただし，円板の重心の周りの慣性モーメント I は $Ma^2/2$ である．

Q 4.3　As Fig. 4.24 shows, a child whirls a ball of mass m in a circle, whose initial radius r_i is 130 cm, at an initial angular speed ω_i of 35 rev/min. The child

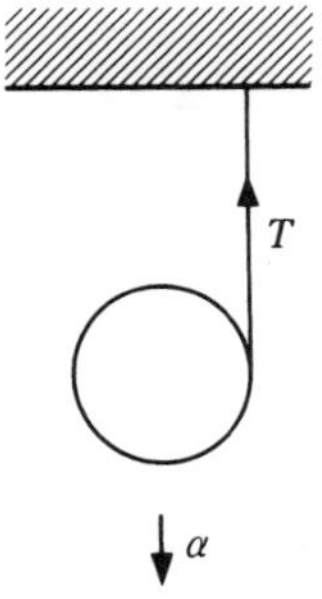

図 4.23　落下する円板

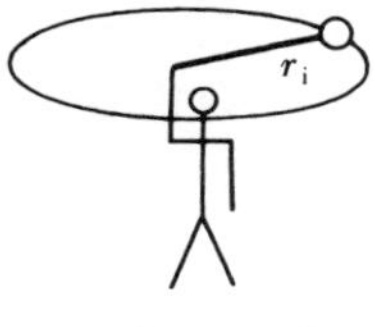

図 4.24　子供が回転させる紐のついたボール

pulls in the cord, shortening the radius r_f (=85 cm). What is the angular speed ω_f of the ball in this new orbit?

Q 4.4* A solid cylindrical disk, whose mass M is 1.4 kg and whose radius R is 8.5 cm, rolls across a horizontal table at a speed v of 15 cm/s (Fig. 4.25). (a) What is the instantaneous velocity of the top of the rolling cylinder? (b) What is the angular speed ω of the rolling disk? (c) What is the kinetic energy K of the rolling disk? (d) What fraction of the kinetic energy is associated with the motion of translation and what fraction with the motion of rotation about the axis through the center of mass?

Q 4.5 一様な棒を鉛直な壁と水平な床とに立てかけるのに，棒と壁および床との間の摩擦係数を μ_1, μ_2 とすると，つりあいの傾斜角(棒と床との角)の範囲を求めよ．

Q 4.6 Fig. 4.26 shows a circular metal plate of radius $2R$ from which a disk of radius R has been removed. Let us call it object X. Its center of mass is shown as a dot on the x axis. Locate this point.

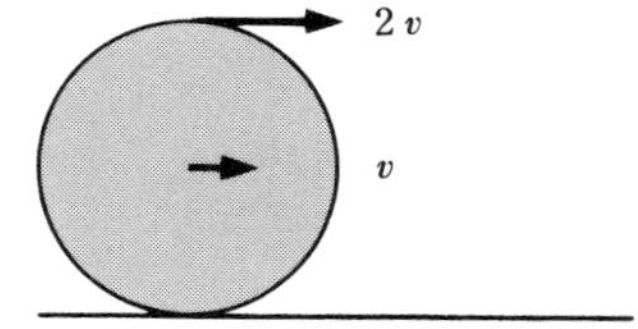

Fig. 4.25 地上を回転して進む円板

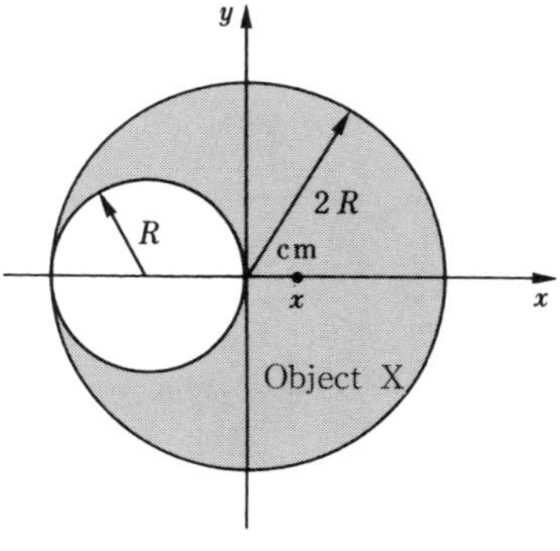

Fig. 4.26 切り取られた板の重心

第5章
弾性体の力学

5.1　応力とひずみ　13

前章までは変形しない物体の力学について述べてきたが，この章では変形する物体の力学について述べる．

外力を加えれば変形するが，外力を取り去れば元の状態に戻るようなものが現実の物体である．このような物体の性質を**弾性**(elasticity)といい，この性質をもつ物体を**弾性体**という．変形している状態については，剛体のつりあいの力学を用いて調べることができる．変形を大きくすると，外力をとり除いてももとの状態には戻らない．その限界を**弾性限界**(elastic limit)といい，変形したままになることを**塑性**という．その性質を示す物体を**塑性体**といい，代表的な例は粘土である．

フックは，弾性体に加えられた外力(F)とそれによる変形の大きさ(x)は，変形が小さいときには，比例することを見い出した．すなわち

$$F = kx \tag{5.1}$$

である．ここで，k は定数である．これを，**フックの法則**(Hooke's law)(1675)という．

外力によって物体に生じた長さや体積などの変形を**ひずみ**(strain)という．ひずみの大きさは，長さや体積などの変形量をもとの大きさで割った比で表す．たとえば，長さ l の棒に外力を加え，棒が $\varDelta l$ だけ伸びたとき，$\varDelta l/l$ がひずみとな

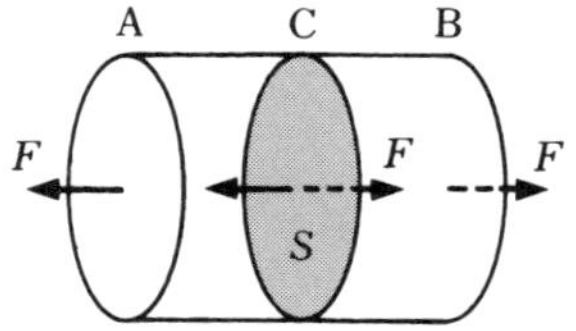

図 5.1 張力と断面 C での応力

る．ひずみが生じた物体の内部には，外力に抗して元の状態に戻そうとする復元力が現れる．これを**応力**(stress)という．

今，断面の一様な棒の両端 A と B に力 F を加えて棒を長手方向に引っ張ってみる(図 5.1)．棒に垂直な断面 C で棒を左右の 2 つの部分に分けて考える．棒がつりあって静止しているなら，B は A のために C を通して面に垂直に左方に F の力で引っ張られ，A は B のために C を通して右方に引っ張られる．すなわち，C を通して左右の部分が互いに張力を及ぼし合う．その張力は，大きさが等しく，互いに逆向きである．この関係は面がどこにあっても同じである．断面 C の面積を S とすると，単位面積当たりの張力 f は $f=F/S$ で，これを断面 C についての応力という．

応力の生じかたは，物体内部の場所によって異なる場合がある．例えば，たわませた(曲げた)棒の伸びている部分では互いに引っ張りあう張力が働き，縮んだ部分は互いに押し合う圧力が働いている(図 5.2)．力の種類は，面に垂直に働く張力と圧力のほかに，面に平行な接線応力，あるいは，ずれ応力(後述)がある．応力の単位は $\mathrm{N/m^2}$ で，これを SI 単位系では**パスカル**(Pa)といい，$1\ \mathrm{Pa}=1\ \mathrm{N/m^2}$ である．

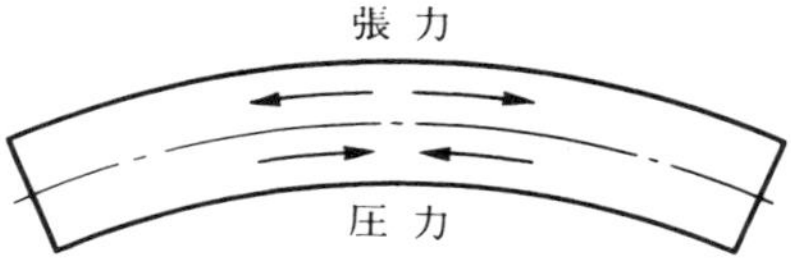

図 5.2 張力と圧力

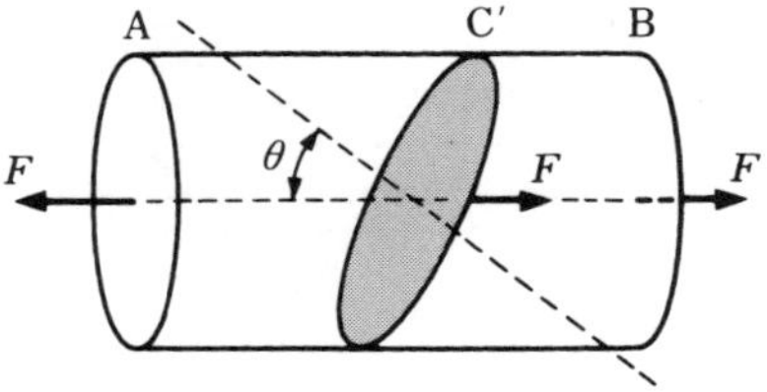

図 5.3　断面 C′

断面を棒に斜めにとり断面 C′ とし，角 θ をなすとする(図 5.3)．断面に働く力 F は変わらないので，力 F を断面 C′ に対する法線成分 $F\cos\theta$ と接線成分 $F\sin\theta$ に分ける．断面積は $S/\cos\theta$ であるから，応力の法線成分 f_{n} と接線成分 f_{t} は，それぞれ，

$$f_{\mathrm{n}}=\frac{F\cos\theta}{S/\cos\theta}=\frac{F}{S}\cos^2\theta$$

$$f_{\mathrm{t}}=\frac{F\sin\theta}{S/\cos\theta}=\frac{F}{S}\cos\theta\sin\theta$$

となる．ここで，f_{n} を**法線応力**，f_{t} を**接線応力**または，**ずれ応力**という．

5.2　弾性率

フックの法則は，応力はひずみに比例するということができる．応力を f，ひずみを ε で表せば，フックの法則は，

$$f=k\varepsilon \qquad (5.2)$$

と表現できる．ここで k は物質によって定まる比例定数で，**弾性率**(modulus of elasticity)という．物体の変形は，いくつかの場合分けができるので，それによって分類してみる．

(1)　ヤング率

長さ l，断面積 S の一様な棒の両端に，長さの方向に力 F を加えて引っ張っ

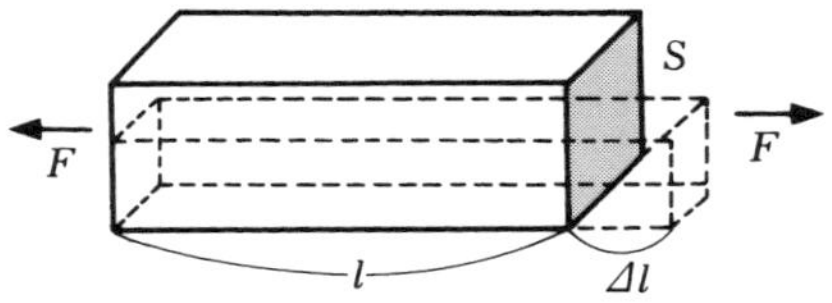

図 5.4 力と変形

たとき，のびを Δl とすると，ひずみは $\Delta l/l$ である(図 5.4)．一方，その内部の応力は断面に垂直な大きさ $f=F/S$ の張力であるので，フックの法則は

$$\frac{F}{S}=E\frac{\Delta l}{l} \tag{5.3}$$

と表現できる．E は物質によって決まる定数で**ヤング率**(Young's modulus)(1807)という．これは伸びにくさを表していて，一般に相当大きい値である．E の単位は，式(5.3)から Pa であることがわかる．

表 5.1 にはヤング率 E および他の弾性率等を示す．

表 5.1 弾性率

物質	E (N/m²)	n (N/m²)	σ	K (N/m²)
Al	7.03×10^{10}	2.61×10^{10}	0.345	7.55×10^{10}
Au	7.80×10^{10}	2.70×10^{10}	0.44	21.7×10^{10}
Cu	12.98×10^{10}	4.83×10^{10}	0.343	13.78×10^{10}
鉄鋼	20×10^{10}	8×10^{10}	0.29	17×10^{10}
弾性ゴム	$(1.5\sim5.0)\times10^{-4}$	$(5\sim15)\times10^{-5}$	0.46〜0.49	——

例題 5.1 長さ 1 m，直径 0.3 mm，ヤング率 2×10^{11} N/m² の鋼鉄線の上端を固定し，下端に 1 kg のおもりを吊るすとき，どれだけ伸びるか．

解 式(5.3)から伸び Δl は

$$\Delta l=\frac{Fl}{SE}=\frac{1\times9.8}{3.14\times(1.5\times10^{-4})^2\times2\times10^{11}}=6.9\times10^{-4}\ \mathrm{m}$$

例題 5.2 密度 ρ，長さ l，ヤング率 E の一様な棒の上端を固定して鉛直に吊り下げるとき，棒は自重のためどれだけ伸びるか．

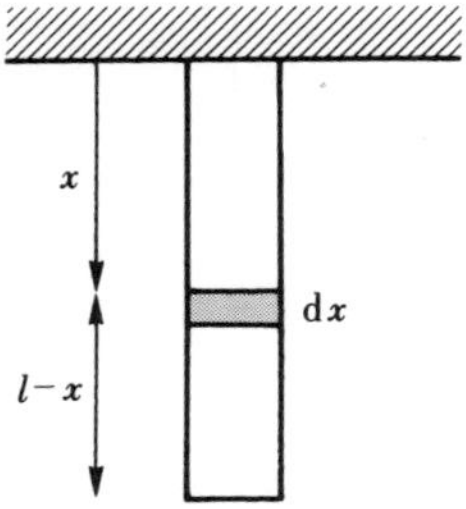

図 5.5　棒の変形

(解) 吊るしていない時の上端より下 x の場所での長さ $\mathrm{d}x$ の部分を考える(図5.5)．この棒を吊るすことで伸びるので，$\mathrm{d}x$ の部分の伸びた量を $\mathrm{d}l'$ とすると，応力は $g\rho(l-x)$ だから，式(5.3)に代入し

$$g\rho(l-x)=E\frac{\mathrm{d}l'}{\mathrm{d}x}$$

となる．そこで，全体の伸びは

$$\Delta l=\int \mathrm{d}l'=\int_0^l \frac{g\rho(l-x)}{E}\mathrm{d}x=\frac{\rho g l^2}{2E}$$

となる．

(2)　体積弾性率

物体が一様な圧力 p を受けると，もとの形と相似な形をしたままその体積が減少し，物体内部の応力は外の圧力 p と同じ値になり変形が止まる．この圧力をさらに Δp だけ増したとき，体積 V の部分が $V+\Delta V$ $(\Delta V<0)$ になったとする(図5.6)．圧力が大きくない範囲では $\Delta V/V$ は Δp に比例する．そこでフックの法則は

$$\Delta p=-K\frac{\Delta V}{V} \tag{5.4}$$

となる．K を**体積弾性率**といい，物質によって決まる定数である．$\chi\equiv 1/K$ を圧縮率といい，物体が圧縮される程度を示す定数である．

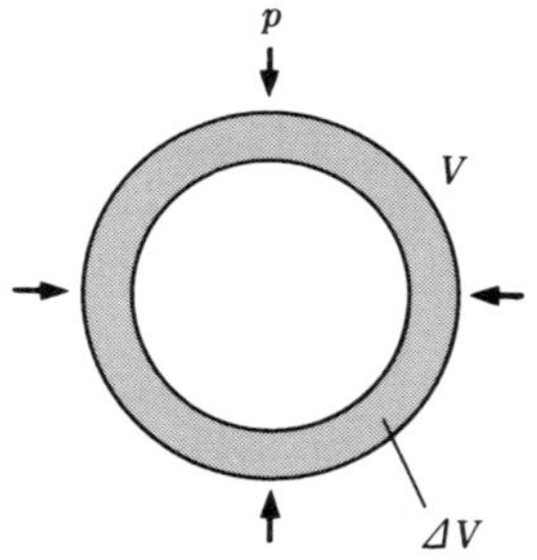

図 5.6　体積変化

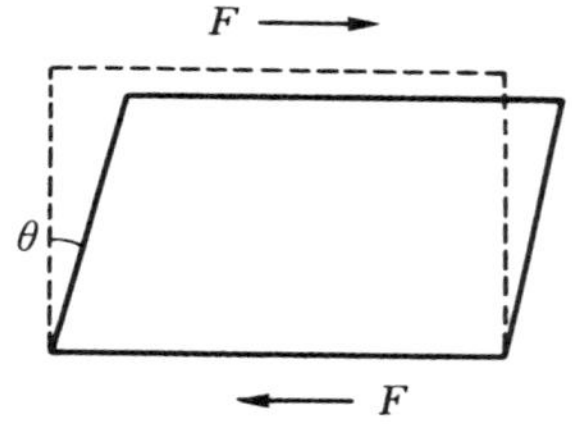

図 5.7　剛性率

(3)　剛性率

直方体の形をした物体の下面を固定し，上面(面積 S)に沿った平行力 F を加えると，各部分は平行に移動し，下面に垂直であった側面は θ だけ傾く(図 5.7)．通常は弾性限界内では θ は小さく，$\tan\theta=\theta$ とおける程度の変形であるので，ひずみは θ によって表される．上下の面に沿った力が働いていて，この面に沿う力を**ずれ応力**(shearing stress)または，せん断応力といい，ずれ応力 f は $f=F/S$ である．そこで，フックの法則は

$$f=n\theta \tag{5.5}$$

となる．この n を**ずれ弾性率**または**剛性率**という．

(4)　ポアソン比

物体に張力を加えると，物体は力の方向に沿って伸びて ε のひずみを生じる．

それと同時に，力と垂直の方向に縮む．力と垂直方向の長さを l'，縮みの長さを $\Delta l'$ とすると，この方向のひずみ ε' は $\varepsilon'=-(\Delta l'/l')$ となる（$\varepsilon'<0$）．ε と ε' の比

$$\sigma=-\frac{\varepsilon'}{\varepsilon} \tag{5.6}$$

を**ポアソン比**(1826)という．σ は正の値であり，普通の金属で 0.3 前後である．理論限界値は 0.5 であり，弾性ゴムがそれに近い．

(5)　弾性率の間の関係式

弾性率の間で，次の関係式が成り立っている．

1．体積弾性率 K とヤング率 E の間

$$K=\frac{E}{3(1-2\sigma)} \tag{5.7}$$

2．剛性率 n とヤング率 E の間

$$n=\frac{E}{2(1+\sigma)} \tag{5.8}$$

例題 5.3　上記の式(5.7)である $K=E/3(1-2\sigma)$ を証明せよ．

解　1 辺の長さ a の立方体の固体が一様な圧力 p を受けた場合を考える．今，y 軸に平行な圧力に着目すると，この圧力によって，物体は y 方向に Δy 縮み，x 方向と z 方向にはそれぞれ，Δx_y，Δz_y だけ伸びる．それらは

$$\Delta y=\frac{pa}{E},\quad \Delta x_y=\Delta z_y=\frac{pa}{E}\sigma$$

である．x 軸，z 軸に平行な圧力についても同様に考えると，結局，各辺の長さの伸び Δa は

$$\Delta a=\frac{2pa}{E}\sigma-\frac{pa}{E}=\frac{pa}{E}(2\sigma-1)$$

となる．したがって，物体の体積の変化率は

$$\frac{(a+\Delta a)^3-a^3}{a^3}\fallingdotseq\frac{3\Delta a\cdot a^2}{a^3}=\frac{3\Delta a}{a}=\frac{3p(2\sigma-1)}{E}$$

となるので，

$$K=\frac{E}{3(1-2\sigma)}$$

が導かれる.

第5章の問題

Q 5.1　長さ l，ヤング率 E の棒を両端から引っ張って Δl の伸びを与えたとき，単位体積あたりのエネルギー U は次のようになることを示せ.

$$U=\frac{1}{2}E\left(\frac{\Delta l}{l}\right)^2$$

Q 5.2　半径 a，厚さ t，破壊しない限界の垂直断面応力が σ_0 の薄い球殻がある. その内圧を高めるとき，壊れない最大の内外圧力差(Δp)はいくらか.

Q 5.3　Fig. 5.8 shows the stress-strain curve for quartzite. Calculate Young's modulus for this material?

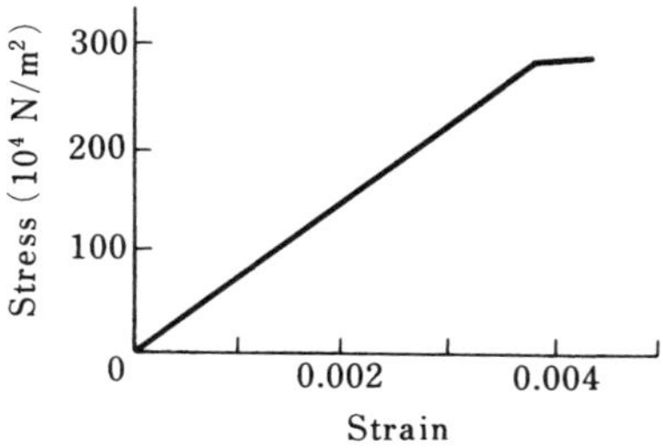

Fig. 5.8　応力-ひずみ曲線

Q 5.4　A structural steel rod has a radius R of 9.5 mm and a length of 81 cm. A force F of 6.2×10^4 N —— which is about 7 tons —— stretches it axially. (a) What is the stress in the rod?　(b) What is the elongation of the rod under this load?

参　考　書

1) 我孫子誠也：歴史をたどる物理学，東京教学社（1981）
2) I.B.コーエン著・吉本　市訳：近代物理学の誕生，河出書房（1967）
3) 湯川秀樹著・江沢　洋編：理論物理学を語る，日本評論社（1997）
4) 朝永振一郎：物理学とは何だろうか上，岩波書店（1979）
5) アイザック・アシモフ：アイザック・アシモフの科学と発見の年表，丸善（1992）
6) 小林幹雄　他編：数学公式集，共立出版（1959）
7) M. R. Spiegel 著・氏家勝巳訳：マグロウヒル数学公式・数表ハンドブック，オーム社（1995）
8) 後藤憲一　他編：基礎物理学演習，共立出版（1986）

本文中の練習問題の略解

【第 1 章】

問題 1.2　(a) 9.0 回転　(b) 1.0 回転/秒

問題 1.3　(a) −63.3 回転/分^2　(b) 5.0 分

問題 1.4　$Sh/3$

【第 2 章】

問題 2.1　$a_2 = a_1 m/(m+M)$,　$R = a_1 mM/(m+M)$

問題 2.2　$y = (\tan\theta)x - (g/2v_0^2\cos^2\theta)x^2$

問題 2.3　$kx^2/2$

問題 2.4　$v_1 = \sqrt{gR} = 7.9$ km/s,　$v_2 = \sqrt{2gR} = 11.2$ km/s

問題 2.5　(a) 10.9 kg·m/s　(b) 9100 N　(c) 6.5×10^4 m/s^2,　6600 倍

問題 2.6　$v_0^2/[2g(\sin\theta + \mu'\cos\theta)]$

問題 2.7　$N = m(g+a)$

【第 3 章】

問題 3.1　(83, 58)

【第 4 章】

問題 4.2　$T = 2\pi\sqrt{I/Mgh}$

問題 4.3　1.4 回転/秒

問題 4.5　$I_G = Ml^2/12$,　$I_A = Ml^2/3$

章末の問題の略解

【第 1 章】

Q 1.4　$h=(g/2)(v_0{}^2/g^2-t_0{}^2/4)$

Q 1.5　$v_3=\sqrt{(v_1{}^2+v_2{}^2)/2}$

【第 2 章】

Q 2.3　$\theta=\cos^{-1}(2/3)$

Q 2.4　$a=g(m_1-m_2)/(m_1+m_2)$,　$T=2gm_1m_2/(m_1+m_2)$,
　$v=g(m_1-m_2)t/(m_1+m_2)$

Q 2.5　$T=mg(3\cos\theta-2\cos\theta_0)$

Q 2.6　$T=(2\pi r/R)\sqrt{r/g}$,　$r-R=(T^2gR^2/4\pi^2)^{1/3}-R\fallingdotseq 3.58\times 10^4$ km,
　$h=Rv_0{}^2/(2gR-v_0{}^2)$

Q 2.7　$S=mg/\cos\theta$,　$T=2\pi\sqrt{l\cos\theta/g}$

Q 2.8　(a) $F=-Gm(4\pi\rho/3)r$　(b) $T=\sqrt{3\pi/4G\rho}=42$ 分

Q 2.9　振幅 a で，周期は $T=2\pi\sqrt{(l'-l)/g}$ の単振動

Q 2.10　(a) $2\pi\sqrt{m/2k}$　(b) $2\pi\sqrt{m/(k_1+k_2)}$　(c) $2\pi\sqrt{m(k_1+k_2)/k_1k_2}$

【第 3 章】

Q 3.1　$ml/(m+M)$

Q 3.2　-2.9 m,　52 m/s

Q 3.3　$V=-\Delta mv/(M-\Delta m)$

Q 3.4　2.7 m/s

【第 4 章】

Q 4.1　(a) $I_x=(b^2/3)M$,　$I_y=(a^2/3)M$　(b) $I_x=(4/3)b^2M$,　$I_y=(4/3)a^2M$
　(c) $I_z=(a^2+b^2)M/3$　　($2a$，$2b$ に平行な軸を x 軸，y 軸とした)

Q 4.2　$a=2g/3$,　$T=Mg/3$

Q 4.3　82 rev/min

Q 4.4　(a) 30 cm/s　(b) 0.28 rev/s　(c) 0.24 J
　(d) 並進運動が 2/3,　回転運動が 1/3

Q 4.5　$\theta\geqq\tan^{-1}[(1-\mu_1\mu_2)/2\mu_2]$

【第 5 章】

Q 5.2　$\Delta p = 2t\sigma_0/a$

Q 5.3　7.5×10^{10} N/m^2

Q 5.4　(a) 2.2×10^{8} N/m^2　(b) 0.89 mm

付　録　A

ギリシャ文字

大文字	小文字	読み方	
A	α	alpha	アルファ
B	β	beta	ベータ
Γ	γ	gamma	ガンマ
Δ	$\delta(\partial)$	delta	デルタ
E	$\varepsilon(\epsilon)$	epsilon	イプシロン
Z	ζ	zeta	ゼータ(ツェータ)
H	η	eta	イータ
Θ	$\theta(\vartheta)$	theta	シータ(テータ)
I	ι	iota	イオタ
K	κ	kappa	カッパ
Λ	λ	lambda	ラムダ
M	μ	mu	ミュー
N	ν	nu	ニュー
Ξ	ξ	xi	クシー(グザイ)
O	o	omicron	オミクロン
Π	π	pi	パイ
P	ρ	rho	ロー
Σ	σ	sigma	シグマ
T	τ	tau	タウ
Υ	υ	upsilon	ウプシロン
Φ	$\phi(\varphi)$	phi	ファイ
X	χ	chi	カイ
Ψ	ψ	psi	プサイ(プシー)
Ω	ω	omega	オメガ

付　録　B

単位の 10^n 倍の接頭記号

倍 数	記 号	名　　称		倍 数	記 号	名　　称	
10	da	deca	デカ	10^{-1}	d	deci	デシ
10^2	h	hecto	ヘクト	10^{-2}	c	centi	センチ
10^3	k	kilo	キロ	10^{-3}	m	mili	ミリ
10^6	M	mega	メガ	10^{-6}	μ	micro	マイクロ
10^9	G	giga	ギガ	10^{-9}	n	nano	ナノ
10^{12}	T	tera	テラ	10^{-12}	p	pico	ピコ
10^{15}	P	peta	ペタ	10^{-15}	f	femto	フェムト
10^{18}	E	exa	エクサ	10^{-18}	a	atto	アト

付　録　C

物理定数表

万有引力定数	$G = 6.67259 \times 10^{-11}\ \mathrm{N \cdot m^2/kg^2}$
重力の加速度(標準値)	$g = 9.80665\ \mathrm{m/s^2}$
地球の質量	$M_\mathrm{E} = 5.974 \times 10^{24}\ \mathrm{kg}$
地球の平均半径	$R_\mathrm{E} = 6.37 \times 10^{6}\ \mathrm{m}$
太陽地球間の平均距離	$r_\mathrm{E} = 1.50 \times 10^{11}\ \mathrm{m}$
太陽の質量	$M_\mathrm{s} = 1.989 \times 10^{30}\ \mathrm{kg}$
1 気圧(定義値)	$p_0 = 1.01325 \times 10^{5}\ \mathrm{N/m^2}$
真空の誘電率	$\varepsilon_0 = 8.854187 \times 10^{-12}\ \mathrm{F/m}$
	$1/4\pi\varepsilon_0 = 8.98755 \times 10^{9}\ \mathrm{N \cdot m^2/C^2}$
真空の透磁率	$\mu_0 = 1.256637 \times 10^{-6}\ \mathrm{N/A^2}$
真空中の光速	$c = 2.99792458 \times 10^{8}\ \mathrm{m/s}$
電気素量	$e = 1.60217733 \times 10^{-19}\ \mathrm{C}$
電子の静止質量	$m_\mathrm{e} = 9.1093897 \times 10^{-31}\ \mathrm{kg}$
エネルギー単位	$1\ \mathrm{eV} = 1.60217733 \times 10^{-19}\ \mathrm{J}$
円周率	$\pi = 3.1415926535$
自然対数の底	$e = 2.7182818285$

索　引

ア

イ

ウ

エ

オ

カ

キ

ク

ケ

コ

サ

シ

ス

著者紹介

河本　修（こうもと　おさむ）

1973年　東北大学大学院工学研究科修士課程修了
現　在　岡山大学大学院自然科学研究科准教授・工学博士
専　攻　電子物性物理学，強磁性物理学
主な著書『磁気現象ハンドブック』（H. E. Burke 著，監訳）共立出版
『身近に学ぶ電磁気学』共立出版
『実用的な英語科学論文の作成法』（共著）朝倉書店
『論文要旨にみる英語科学論文の基本表現』朝倉書店
受　賞　日本金属学会技術開発賞（1988年）

身近に学ぶ力学

2000年11月25日　初版第1刷発行
2007年9月15日　初版第6刷発行

著　者　河本　修 © 2000
発行者　南條光章
発行所　**共立出版株式会社**
東京都文京区小日向4丁目6番19号
電話　東京(03)3947-2511番（代表）
郵便番号 112-8700
振替口座 00110-2-57035番
URL　http://www.kyoritsu-pub.co.jp/

印　刷　新日本印刷
製　本　協栄製本

社団法人
自然科学書協会
会員

検印廃止

NDC 423

ISBN 4-320-03398-1

Printed in Japan